科学文化工程
公民科学素养系列

科学思维与
人文素养

THINK LIKE A SCIENTIST,
ACT LIKE A HUMANIST

陈 安 房亚楠 ◎ 著

科学出版社
北 京

图书在版编目（CIP）数据

科学思维与人文素养/陈安，房亚楠著.—北京：科学出版社，2019.4
ISBN 978-7-03-060802-4

I.①科⋯ II.①陈⋯②房⋯ III.①科学思维–研究 ② 人文素质教育–研究 IV.① B804 ② G40-012

中国版本图书馆CIP数据核字（2019）第044445号

责任编辑：张　莉　张　楠/责任校对：王晓茜
责任印制：徐晓晨/封面设计：有道文化

科学出版社 出版
北京东黄城根北街16号
邮政编码：100717
http://www.sciencep.com

北京九州迅驰传媒文化有限公司印刷
科学出版社发行　各地新华书店经销

*

2019年4月第　一　版　开本：720×1000　1/16
2025年2月第三次印刷　印张：13 1/2
字数：165 000
定价：58.00元
（如有印装质量问题，我社负责调换）

PREFACE

前　言

　　人类社会不同群体之间的相互不理解是件正常的事情，比如两国之间的不睦、工农之间的隔阂，这些都属于二元对立。还有群体间会存在因为身份、特质等差异带来的问题，甚至会形成长期的对立与冲突。

　　为什么竟会如此？一方面，可能来自社会的广泛认知水准不高；另一方面，可能来自相互之间的不了解、不理解。

　　理科学生和文科学生之间往往就会存在这样的问题。中国的文理分科往往是从高中就开始了，物理、化学、生物一般会分在理科，而历史和地理则会分在文科，一旦大家的知识基础有差异，就更容易扩大相互间的藩篱。到了大学，学科划分得更为细致，不同群体之间的相互了解就更加困难了。

　　一旦双方或多方之间出现隔膜，相互接触乃至融合就越发艰难起来。其实，这些都可以经由深度了解、融合、相互补充来消解，并实现相互间的取长补短。这世界上不总还是有学贯中西、通晓文理的大师嘛！爱因斯坦的物理当然很厉害，他的文笔不错，小提琴拉得也很好啊。著名的物理学家威腾上大学时也是从历史读起的，随后才进入理论物理领域。

相互了解的途径有了，接下来怎么实现呢？给数学没考及格的钱钟书先生或者后继者们狠狠地上几堂数学、物理、化学课？还是如华中科技大学那般让所有本科生必修国学这一课程？

庶几近之。

还是要让不同学科的学生相互之间有一个了解和沟通的便利渠道，你对我的学科基础有所认知，我对你的学科方向能言一二，这样，彼此的尊重就能逐渐建立起来。事实上，任何一个学科只要经历了漫长的岁月能够存在下去，就已经说明了其历史意义与价值。况且人类的知识体系总是在最初的时候一致，发展到一定程度后，总是在精神层面有所联系。

但是，文科有文科的特点，理科有理科的特征，人往往又是路径依赖的，一旦选择了其中之一，就很难再拐过弯去在其他道路上涉足太深。这也是学科间距离越拉越远的一个重要原因。甚至，我们还见过理科生从来不读人文社科书籍的情形，反之亦然。这就要求我们对理科生讲人文社科时要使他们感兴趣，而文科生对于科学思维的建立若能超越自己既有的知识体系也可颇得其乐。这就是《科学思维与人文素养》一书的写作由来。

一般地，科学分为自然科学与社会科学两类，研究对象有所不同，前者是自然界的基本规律，后者则是人类社会的基本规律，既然都被称为科学，其规律性就都有客观的基础。

人文的东西，比如语言、文字、绘画艺术、音乐和舞蹈，不同地区会有不同的风格。就音乐而言，如葡萄牙"法都"这种音乐形式与中国民乐的曲调和风格完全不同。即便就中国一国而言，北部民歌和南方小调也是迥乎不同的，至于这些东西是怎么产生和发展的，这不仅和地理、历史因素相契合，而且和传承路径与方式有所关联。

这些内容，有些是可以用科学解释的，比如音乐。尽管组合表现形式千差万别，但万变不离其宗，所有的曲调总是由最基本的音符组合而成的，事实上，高音区与中音区的同一个音，其频率是倍数关系。于是，我们发现，人文的背后有科学的痕迹，只是在吟咏哼唱的时候我们没有刻意从科学角度去认知它而已。

这个世界本身就是丰富多彩的，认知它的角度也应该是多维的。因为有阴晴雨雪，所以必须建房排水；为了吃饭生存，就要渔樵耕读；为了沟通交流，就需要语言文字；为了表达情感，就要唱歌跳舞；因为要汇总分配，就须掌握算术几何；为了理解山川河流、日出月落，就要苦求万物之理；为了族群组织有序，就要建构政治体系；为了快速发展取得竞争优势，就要探寻更优经济管理之道；为了解决纠纷冲突，就要有一套法律制度。在这样的"需求—建构—成熟"的不断循环过程中，自然科学的数、理、化、天、地、生，社会科学的文、史、哲、经、管、法，人文领域的各种分支学科以及建筑、工程、材料等技术性学科，都慢慢成熟起来。

人类的大分工也随着学科逐渐成熟后再细致分化而形成，这是历史的趋势。但是，分工或者分科造成了不同工作/学科方向之间的距离也越来越大，这却是不利于创新、创造的。因为一条道走到黑的创新，往往是直线式的，很难造就颠覆式的成果，对于人类的贡献也就不够大。因此有人说，在19世纪末20世纪初，那些多学科的大师就难再形成了。比如，庞加莱被认为是当时最后一位集伟大数学家和伟大物理学家于一身的大师，此后，一个人再难同时跨越两个学科了，而只能在同一个学科的不同方向上有所贡献。再如，物理学家费米被认为是最后一位同时在理论物理和实验物理上做出伟大贡献的大师，此后，一个人想同时于物理学的这两个领域都有巨大成就变得困难了。

那么，是否一个具体的人一生注定只能在一个领域里有所成就呢？实际上，越是在这种大分工更加细致的背景下，更多地拥有其他学科的思维模式反而越能造就人的创新能力。我们不断看到"物理化学"或"化学物理"作为一个学科方向出现在现代学科分类体系里，前者就是用物理的方法去研究化学，后者类似。那么，只懂化学，就很难涉猎物理化学这一新的学科方向；拥有丰富的物理知识，则更容易在新的学科里挥洒自如。

我们研究风险与应急管理的也一样，因为风险模型往往是经验性质的模型，变量也只与灾害本身的烈度以及承灾体的抗灾特质有关，顶多再加上应急能力。这样显然过于简单了，也很难考虑到一类灾害和其作用对象之间的关系。于是，我们认为一个借鉴了万有引力定律的万有风险模型可以被用来更好地分析风险的状态。基于此，我们甚至计划做一个"风险物理学"的新方向出来，用当下比较常用的物理模型来描摹客观的风险世界。如果我们连大学的普通物理都没有学过，那么即使有这样的念头，也只能是一闪而过，不会形成报告、论文和专著，更不可能成为一个新方向。

但是，现今的书也好，网络上的知识也好，更多是集中且同时具备碎片化特质的，想找什么，搜索引擎一下子就能给你呈现出一个结果；但是，想在不同学科间找到为一个外行所了解的本质性内容却很难，寻寻觅觅中就迷糊了、厌倦了，也往往是没有收获的。

当然了，一个单独的学科，其发展大多历经了很久的时间，像数学、物理、化学这样的学科，甚至经历了上千年，一个外行如何一把抓住要义？对于我这个数学专业出身的人，要了解数学思想的演变，去读多卷本的《古今数学思想》，都会在阅读过程中产生畏难和厌倦情绪,怎么可能要求一个连微积分都没有学过的人去把握现代数学的脉搏呢?其他学科也一样。

就法学而言,它是我认为最接近现代科学方法的人文社科领域的核心学科,无证据不成立,要相互质证,然后由法官或陪审团进行最后的判决,当然,要有具体法条的依据。仅就法律自身的内容而言,你只要接触过经历了司法考试的朋友,就知道其难度了,还要让一个学法律的人精通其他学科,这几乎是不可能的。但是在制定法律或者执行法律的时候,通常会接触到这些领域中的具体问题,如果没有相关知识,还真会造成"葫芦僧乱判葫芦案"的结果。这就不仅仅是不懂了,而是会极大地增加社会成本。

我们认为,缺乏科学思维的人文学科有失厚重,缺乏人文素养的科学学科有失灵动。基于此,我们就更想用一本书将当前的基本学科知识体系进行概括性、故事性、历史性的梳理,这些学科包括数学、物理、化学、天文学、地理学、生物学或生命科学、文学、历史学、哲学、经济学、管理学、法学、心理学、宗教学,工程、技术学科,也涉及一点艺术的范畴。

在此,向参与本书撰写和修订的房亚楠、师钰、徐静、刘文婧、范超、张振宇、李玟玟、周丹等表示感谢,同时感谢广东外语外贸大学张艺琼博士为本书提供了符合英语语境的书名译文。我们期待理科生能从本书中发现人文社会科学的有趣之处,文科生也能从本书中发现自然科学思维的建立并没有想象中的那么难,使文理之间相互欣赏成为结果、文理思维的交融成为必然、文理借鉴成为可能。

陈 安

2018年3月于北京

CONTENTS

目　录

前言 / i

第 1 章　数学与艺术

1.1　勾股定理和黄金分割……………………………3

1.2　1、2、3 与 do、re、mi ……………………………9

1.3　无穷和微积分………………………………… 13

前沿思考……………………………………………… 17

第 2 章　现代物理的前瞻性思考

2.1　伽利略的小球………………………………… 20

2.2　看得见的量子力学…………………………… 23

2.3　光阴的故事…………………………………… 32

前沿思考……………………………………………… 36

第 3 章　化学基础与材料科学

3.1　火焰与燃烧 ······ 38
3.2　炼金术与元素周期表 ······ 43
3.3　分子时代 ······ 48
前沿思考 ······ 50

第 4 章　科学、技术、工程和管理

4.1　今日的基础科学 ······ 56
4.2　明日的科技应用 ······ 60
4.3　人类进步的阶梯 ······ 63
前沿思考 ······ 66

第 5 章　传统生物学与现代生命科学

5.1　人是怎么来的 ······ 70
5.2　DNA ······ 73
5.3　恶魔与天使 ······ 77
前沿思考 ······ 80

第 6 章　"地理决定论"与"历史决定论"

6.1　枪炮、病菌与钢铁 ······ 84
6.2　血脉传承中的"命中注定" ······ 90
前沿思考 ······ 95

第 7 章 艺术

7.1 路漫漫其修远兮 ············ 98
7.2 达·芬奇的密码 ············ 108
前沿思考 ····················· 116

第 8 章 来自何方，归向何处
——人类的哲学拷问

8.1 与神灵的对话 ············· 118
8.2 "真理"的出现 ············ 125
8.3 中国智慧 ················· 126
前沿思考 ····················· 129

第 9 章 个人行为与集体理性
——现代经济学的发端与发展

9.1 关于《国富论》的思考 ······ 130
9.2 经济学与心理学 ············ 134
9.3 经济学极简史 ············· 135
前沿思考 ····················· 142

第 10 章 管理作为元初生产力

10.1 元初生产力——管理 ······· 146
10.2 管理机制设计 ············ 149
10.3 "管理学+" ············· 152
前沿思考 ···················· 154

第 11 章 三个人的事儿两个人不能定 ——法学思维漫谈

11.1 钟表坏了还是停了？ ················· 157
11.2 公平？公正？ ······················· 159
前沿思考 ······························· 162

第 12 章 从广袤的星空到我们的心灵 ——天文与心理学

12.1 天问 ······························· 164
12.2 自问 ······························· 170
12.3 星空与心灵 ·························· 176
前沿思考 ······························· 178

第 13 章 宗教、文明与文化 ——人类精神世界的变迁

13.1 理性不是万能的 ······················ 180
13.2 人是万物的尺度 ······················ 184
13.3 真善美 ····························· 188
前沿思考 ······························· 190

参考文献 ································ 191
后记 ···································· 197

第 1 章
CHAPTER ONE

数学与艺术

在我们的生活中，随处可见数学的踪影。数学家庞加莱说："若想预见数学的将来，正确的方法是研究它的历史和现状。"数学的发展共历经了四个时期。

第一个时期：数学萌生。此时人类社会开始出现最基本的数学思维。对于古埃及、古巴比伦、古印度和中国这四大文明古国的判定，数学的萌芽也是其主要标志之一。而早在 4000 多年前，古埃及是几何的故乡、古巴比伦是代数的源头、古印度是阿拉伯数字的诞生地。

第二个时期：初等数学。活跃在这一历史舞台上的是希腊数学。公元前 300 年左右，欧几里得第一次在《几何原本》里把几何学建立为演绎体系，从而使其成为数学史乃至思想史上的一部划时代的著作。随后，他的学生阿基米德将抽象的数学理论和具体的技术实践结合起来，探究了可以"撬起地球的支点"，播下了积分学萌芽的种子。同为希腊人的阿波罗尼奥斯综合前人的研究成果，写出了古希腊时期最杰出的数学著作之一——《圆锥曲线》。上述三位数学家将这个时期的希腊数学推向高峰，为 1800 多年后开普勒、牛顿、哈雷等数理天文学家研究行星和彗星轨道提供了数学基础。我们将目光转向东方，6世纪到17世纪初，中国、古印度和日本也都活跃在数学的历史舞台上，在此期间，以巴格达为中心建立起了阿拉伯数学，其中三角学是他们最大的贡献，他们还制作了精密的三角函数表。阿波罗尼奥斯之后，欧洲数学基本停滞不前，中世纪的欧洲数学家多需要学习来自中国、古印度和阿拉伯的数学。在这一阶段，算数、代数与几何作为初等数学的主体基本成形。

第三个时期：变量数学。变量数学诞生于17世纪，经历了两个重要节点，即解析几何的产生和微积分的创立。笛卡儿所著的《几何学》为解析几何学说奠定了基础，变量和运动开始进入数学研究领域。恩格斯曾指出："数学中的转折点是笛卡儿的变数，有了变数，运动进入了数学，有了变数，辩证法进入了数学。"随后的17世纪后半叶，牛顿和莱布尼茨建立了微积分，这是数学史上另一个重要的分水岭。对此，恩格斯也曾这样评价道："在一切理论成就中，未必再有什么像17世纪下半叶微积分的发现那样被看作人类精神的最高胜利了，如果在某个地方我们看到人类精神的纯粹和唯一的功绩，那正是在这里。"

第四个时期：现代数学。其始于19世纪上半叶，是对数学基础学科——代数、几何分析的深入发展。自20世纪以来，数学的研究对象和应用范围不断扩展，特别是随着计算机的出现和信息技术的广泛运用，众多新的数学分支迅速发展起来。

作为基础性学科，数学的发展推动了物理学、化学等相关领域的进步，这是毋庸置疑的，但我们是否想过数学和艺术之间也存在着某种微妙的关系呢？摄影艺术、米兰的时尚元素、有趣的七巧板等，是否也包含了意想不到的数学知识呢？

1.1 勾股定理和黄金分割

在人类历史上，中国最早使用十进制，周朝时已有四则运算的相关记载，而我们所熟知的乘法口诀早在春秋战国时期就有记录。成书于约公元前1世纪的《周髀算经》，是我国最早的数学著作，其最突出的理论贡献之一就是关于勾股定理的描述。随后，三国时期的赵爽在《〈周髀算经〉注》的附录中撰写了《勾股圆方图注》，该文内容简明、逻辑严谨。赵爽成为中国数学史上证明勾股定理的第一人。

而作为中国古代算经之首的《九章算术》，其末章也介绍了勾股定理的应用。其中写道：

> 今有勾三尺，股四尺，问为弦几何？答曰：五尺。今有弦五尺，勾三尺，问为股几何？答曰：四尺。今有股四尺，弦五尺，问为勾几何？答曰：三尺。勾股术曰：勾股各自乘，并，而开方除之，即弦。又股自乘，以减弦自乘，其馀开方除之，即勾。又勾自乘，以减弦自乘，其馀开方除之，即股。

这就是"勾三、股四、弦五"经典表述的来源。如今这一定理的证明方法已有几百种之多，作为数学定理中证明方法最多的定理之一，这也是历史上首次将数与形结合起来的定理，是用代数思想解决几何问题的重要理论工具，是数形结合的关键纽带。

同时，勾股定理的相关研究也促进了无理数的发现，而第一次数学危机便是以无理数为核心的危机，极大地深化了人们对数的理解。勾股定理除了促进数学的学科发展之外，在实践中的应用价值也是有目共睹的。《〈路史·后记〉十二注》中就有这样的描述：

> 禹治洪水决流江河，望山川之形，定高下之势，除滔天之灾，使注东海，无漫溺之患，此勾股之所系生也。

这段文字描述的是大禹治水，大禹根据地势高低来判断洪水的流向，进而将其引入大海，其中运用的正是勾股定理的原理。回到今时，勾股定理则常被用于建房、打井、造车等工程。除了在工程中的使用外，符合勾股定理的三角元素在设计领域同样应用广泛，如室内设计中三角瓷砖和女士手提包的设计，三角形拼接在一起组成了一个个美丽的图案。数学与艺术展现了密切的相关性，原本枯燥而又深奥的数字在我们的面前变得活灵活现起来，其独特的美感也随之而来。

说起勾股定理，就不得不提起七巧板，这是一种中国传统智力游戏，由宋代的燕几、明代的蝶翅几一步步演变而来。这里的"几"是一种矮小的桌子，原是古代文人搬桌子的室内游戏，后于民间演变成小型拼图玩具。七巧板由七块形状各异的板子组成，包括五块等腰直角三角形、一块正方形和一块平行四边形。其中的五个等腰直角三角形是由一个正方形切割而成的，而正方形又可分割为两块相同的等腰直角三角形，由此，七块板可以摆出各种有趣的图形。清朝陆以湉所著的《冷庐杂识》中有载：

> 宋黄伯思宴几图，以方几七，长段相参，衍为二十五体，变为六十八名。明严澂蝶几图，则又变通其制，以勾股之形，作三角相错形，如蝶翅。其式三，其制六，其数十有三，其变化之式，凡一百有余。近又有七巧图，其式五，其数七，其变化之式多至千余。体物肖形，随手变幻，盖游戏之具，足以排闷破寂，故世俗皆喜为之。

要获得七巧板带来的乐趣，需要弄清楚各种不同的图形之间的几何关系，然后拼出各种不同的图形，这与古算术中的"相补原理"类似。

勾股定理在西方被称为毕达哥拉斯定理，在古代，中国人拥有勾股思想的同时，古希腊人毕达哥拉斯也发现了相关原理，因此西方人以其名称呼这一原理。而毕达哥拉斯还有另一个广为人知的数学发现，那就是黄金分割。一天，铁匠铺里富有节奏感的铁锤敲击声，给当时正在进行有关正多边形研究的毕达哥拉斯带来了些许灵感，他感受铁锤敲击的节奏，并将其用数学的方式表达出来，这就是后来的黄金分割。公元前4世纪，古希腊数学家欧多克索斯还对黄金分割进行了系统研究。他认为，黄金分割是指线段中的较大部分与全部之比等于较小部分与较大部分之比。因此，黄金分割最简单的计算方法就是计算斐波那契数列第二位起相邻两数的前后之比的近似值，即2/3、3/5、5/8、8/13、13/21……几百年后的《几何原本》在前人研究成果的基础上，进一步系统性地阐述了黄金分割理论。但中世纪后，黄金分割被披上玄虚的神学外衣，天文学家开普勒甚至称其为"神圣分割"。按照毕达哥拉斯定理，可知比值是$(\sqrt{5}-1)/2$，近似值为0.618。这个数字是通过以下方式计算出来的：设平面空间中有三点A、B、C，且三点一线，其中A点到B点的长度为a，A点到C点的长度为b，C点位于靠近B点的黄金分割点处，则$b:a$就是黄金分割比值。

$$\frac{AC}{AB} = \frac{BC}{AC}$$

$$b^2 = a(a-b) = a^2 - ab$$

$$a^2 - ab + \frac{1}{4}b^2 = \frac{5}{4}b^2$$

$$a - \frac{b}{2} = \frac{\sqrt{5}b}{2}$$

$$a = \frac{(\sqrt{5}+1)b}{2}$$

$$\frac{b}{a}=\frac{\sqrt{5}-1}{2}$$

黄金分割几千年来让人们如此着迷的直接原因，并非其深奥的理论渊源，而是其与人类感官本身的契合。日常生活中，我们形容一个人身材好或外貌标致，就可能用到黄金分割的相关原理。由于人的腰部以下的长度与身高的比值为 0.618 时最符合大众审美标准，因此雕像《米洛斯的维纳斯》《贝尔维德尔的阿波罗》都通过故意拉伸腿长并使之与身高之比为 0.618，来达到视觉观感最佳的目的。建筑师对 0.618 这一比值也尤为偏爱，无论是高耸的法国埃菲尔铁塔、神秘的巴黎圣母院，还是巍峨的埃及金字塔，抑或是残败的雅典帕特农神庙，都有黄金分割的痕迹。

此外，黄金分割在画家的眼中也散发着独特的魅力，体现在一幅幅画作上则为表现出严格的比例性、艺术性与和谐性，并蕴藏着多姿多彩的美学价值。他们认为，内含黄金分割元素的画作更加优美，在达·芬奇的诸多作品，如《维特鲁威人》《蒙娜丽莎》《最后的晚餐》中都能看到黄金分割的影子。

那么，黄金分割是否真的在我们的认知中具有美的意义呢？带给我们的感官之美会不会是羊群效应[①]或是定向思维的影响呢？由此，可将黄金分割与 1∶1 进行对比来验证。1∶1 相对于黄金分割来说是一种对称平衡状态，不会产生变化的感觉，且这种比例分割会把人们的注意力集中在线段的中心，人们的视线会停留在这个点上，这种呆板的视角凝聚使得这样的构图对人的吸引持续时间较短。例如，一个正常跷跷板的支点位于其几何中心，此时跷跷板呈现天平状；而若支点位于黄金分割点上，那么平衡就会被打破，我们的眼神在面对黄金分割

---

① 羊群效应指人们经常受到多数人影响，而跟从大众的思想或行为。——编者注

元素时也会像此时的跷跷板一样摇晃不定。人们会下意识地把个体和整体、个体和个体做比较，眼光不断流转，思绪快速飞转。于是视线流动起来，整个图形也就充满了活力和灵性。如果认为这种解释有些抽象，读者可以分别观察黄金分割的线段和1∶1的线段，尝试探索自己注意力的转变。在黄金分割的线段或图形上，我们的视线通常会在各点之间游动；而在分割点位于中央的线段上，我们的视线经过短暂的晃动后将回归到中心点。

可是这似乎也不能说明根本问题，因为这时会出现另一个疑问：是不是只要打破1∶1的线段比例就行，而不一定是黄金分割呢？实际上，其他不对称的分割虽然打破了刻板的视觉效果，提供了变化的感觉，但是却又缺少一种联系。这种联系不仅仅是个体与整体的比例关系，更多的是不同变量组合间存在的某种协调关系，而黄金分割的存在恰恰提供了这种神秘的联系。通常我们认为隐秘的联系不会呈现显性特征，但是会被大脑意识到，这种隐秘联系给我们的直观感受是：在看到被黄金分割的线段时，能够从一定程度上体会到长线段和整个线段之间以及短线段和长线段之间所存在的某种微妙关系，而这种感知在较短时间内可能很难形成一个准确的数字。

通过以上对比可以看出，黄金分割之所以与美和艺术结合得如此紧密，是因为它在视觉上给人们带来一种和谐效果，在静止世界中，这一比例带给我们舒适的感观却又不失变化。变化、平衡、和谐、比例、运动、简约和主导倾向是艺术组织构建的七大原则，整个艺术的组织过程就是通过感知相关性将看似对立的部分联系在一起，最后形成统一的整体。而黄金分割就符合了艺术组织中的和谐与变化这两个重要的原则。例如办公常用的A4纸，它的长、宽也存在一定的比例关系，即使将纸分成两半，得到的纸的长宽比也等于原来的长宽比。其美感的来源也是变化和相似比例带给我们的一种和谐感受。

黄金分割除了在美学中有很多应用之外，在它本身的数学领域也是存在可证明性的。斐波那契数列的一个重要性质就是第三个数是前面两个数之和，如{1，1，2，3，5，8，13，21，34，55，89，144……}。此外，随着序号的增加，相邻两个斐波那契数的比值将逐渐逼近黄金分割比。显而易见的是，斐波那契数列属于整数数列，而整数之商必然是有理数，但黄金分割比值却是无理数，因此只能是不断趋近于黄金分割比值。此后，从黄金分割理论中还衍生出了黄金三角形，它是一个等腰三角形，且其底与腰的比为黄金分割比，其底与腰的比为$(\sqrt{5}-1)/2$。将一个正五边形的所有对角线连接起来就构成一个正五角星形，可以发现其中所有线段之间的长度关系都符合黄金分割，而由此所产生的所有三角形都属于黄金分割三角形。普通三角形均可以被分割成4个与其本身相似的全等三角形，而黄金分割三角形能分割为5个。由于正五角星形的顶角为36°，因此可知黄金分割值为2sin18°，即2sin（π/10）。

然而，在黄金分割赢得了近150年的巨大声誉后，有人开始持不同观点。虽然我们的生活中出现了很多黄金分割的设计，但黄金分割值是一个无理数，即一个无限不循环小数。德夫林作为一个反对这种说法的学者曾在学生中做了调查，调查证明：在现实世界中人们不一定喜欢黄金分割，因为他的学生们在从很多矩形中选择自己最喜欢的矩形的时候，黄金分割矩形并不受宠。而且在对众多设计师进行调查时，他们也表示，在建筑设计领域，有很多其他的数字和公式更为重要。有的设计师则认为黄金分割是观察创造出产品的比例，只是一项工具而非准则。德夫林认为黄金分割之所以受到大力推崇，源自卢卡·帕西奥利在 1509 年出版的一本书，名为"神圣的比例"。该书并不主张将黄金分割的美学理论应用于艺术、建筑和设计等领域，而是支持公元前 1 世纪的建筑大师维特鲁威有关系统合理比例的观点。18 世纪 90 年代，马里奥·利维奥也写了一本关于黄金分割的著作，并将黄金分割集大成者的名头冠于帕西奥利。帕西奥利与达·芬奇是好朋友，达·芬奇为《神圣的比例》创作了插图，因此很快大家都说达·芬奇因为使用了黄金分割才创造出这么精美的油画。随后，阿道夫·蔡辛将黄金分割理论推至高峰，将其应用于人体上，而像人体这么复杂的东西，其实很容易就能找到比例接近 0.6∶1 的部分。因此，这一理论变得非常流行，之后大家就开始承认黄金分割的美。

1.2　1、2、3 与 do、re、mi

2000 年 4 月 28 日，《光明日报》上刊登了一篇题为"淮河上游八千年前的辉煌——河南舞阳贾湖遗址的发掘与研究"的文章，文中写道："贾湖人已有百以上的正整数概念，并认识了正整数的奇偶规律，掌握了正整数的运算法则。这为研究我国度量衡的起源与音乐之关系，揭开'黄钟、黍'的千古之谜提供了重要线索。"这说明在 8000 多年前的中华文明中，数学已经有了一定程度的发展，因为音律的确需要大量数学知识。

数学作为一门最古老的与数字有关的科学，玩转数字的前提是先有数字，那么数字的起源似乎也可以说是数学的起源。远古时代，人类逐渐于日常生活和生产实践中产生了计数意识及计数系统，随着人类的演化进程发展，这种意识越来越明晰，系统也越来越复杂。其间，人类摸索出多种计数方法，有的是结绳记数，有的是石头计数，并进而根据需要演化出了不同形式的计数法则，即进制。

　　进制的概念如今已深入人类生活，十进制的使用更是充斥着我们的日常生活，小到商品的标价、货品的重量，大到宏观经济数据，都能看到十进制的应用。知古才能论今，数的观念最早可以追溯到旧石器时代，距今三百万至一万年。当时，人类先祖为了生存，白天外出狩猎，晚上回到石洞清点猎物数目。而计数的方式就是用自己的双手——每只猎物对应一根手指，那么十根手指用完后呢？先人们就把数过的十只猎物堆在一起，再将草绳上打一个结来表示"有手指这么多的野兽"，之后再从头数起，进而逐渐演化为"逢十进一"的十进制。十进制从旧石器时代延续至今，可见其生命力之勃然，毫无衰退之势，那么为什么人类选择十进制服务于我们的生活呢？在对比了二进制、七进制、十二进制、六十进制等计数方式后，就会发现十进制是最方便的，也最易于用符号表示。十进制给予我们的感觉适中，过低位数的进制在表示大数的时候过于繁杂，比如，用二进制表示十进制的 10000，就应写成 10011100010000。而过高的位数符号表示和计算又是一个难题，从儿时起我们便接触九九乘法表，这是数学运算最基础的内容之一。但比十进制高的进制计算法会呈现出更加复杂的形式，记忆起来也会更加麻烦。自此，十进制就凭借其适用性和实用性逐渐渗透进了人类的日常生活。

　　十进制的技术原则有二：一是位进制；二是十进位。也就是说，所有的数字都要用 10 个基本符号来表示，满十则进一位。此外，符号的位置也尤为重要，同一个符号若在不同的数位上，则其表示的数值差异甚大。如今在世界范围内使用最广的十进制基本符号源于古印度的阿拉伯数字，即 0～9 十个数字。

虽然和别的计数进制相比，十进制有其充分的优越性，但是其他计数模式并没有被人类抛弃，有些更是由于其特殊的使用领域和文化传承而广为流传。其中，十二进制就用来表示时间，中国古代人民将一天分为12个时辰，一个时辰对应现在的两个小时，而每个时辰又和十二地支相对应。古人又将这12个地支与12种动物相对应，形成了十二生肖，来表示以12为周期的循环，以"轮"命之。此外，在中国传统农历纪年中，还有二十四节气，这也是从地支演化而来的，一个地支对应两个节气。而12这个数字又是如何确定的呢？原来古人通过观察月亮发现，一年中月亮绕地球转12圈，以此古人就发明了用十二进制来计时。

其实，很多古老文明使用过十二进制来计时，除了月球公转的圈数之外，还有学者认为这和人类一只手的十二节指骨有关（不包括拇指，一根手指有三节指骨）。古埃及则将白天和夜晚分别划分为12部分，而从古巴比伦传至欧洲的黄道十二宫则将一年分为了12个星座。在度量单位中，以英制单位为例，就有1英尺[①]等于12英寸[②]、金衡制中1金衡制磅等于12金衡制盎司。相对于十进制来说，十二进制的优点是表示某些分数会比较简单，例如，1/2=0.6，1/3=0.4，1/4=0.3，1/6=0.2，1/8=0.15。

六十进制在当代多用于角度和时间的计量，它源于公元前3世纪的古闪族，后传至古巴比伦。古巴比伦人在进行天文观测活动时经常碰到对观测角进行等分的情况，比如2等分、3等分、4等分、5等分……十进制和十二进制都不能满足上述等分的需求，而2、3、4、5、6是60的约数，六十进制应运而生。60有12个因数，六十进制的数可以

[①] 1英尺≈0.3米。——编者注
[②] 1英寸=2.54厘米。——编者注

被较多的数整除，因此也可以拆分为多种不同的时间长度：1 小时 =2 个 30 分钟 =3 个 20 分钟 =4 个 15 分钟……从而六十进制也被用于计算时间。

在本节最初，谈到数学的运用最早是和音律有关的，因此下文我们就聊聊音乐。音乐作为一种情感表达形式是有色彩的，它可以是轻松愉悦的，也可以成为人们负面情绪的发泄途径，数学作为一种看起来很枯燥的科学却是美妙旋律的基础。拉莫曾说过："音乐是一种必须掌握一定规律的科学，这些规律必须从明确的原则出发，这个原则没有数学的帮助就不可能进行研究，我必须承认，虽然在我相当长时期的实践活动中获得了许多经验，但是只有数学能帮助我发展我的思想，照亮我甚至没有发觉原来是黑暗的地方。"

从公元前 6 世纪的毕达哥拉斯时代开始，人们就慢慢地意识到：从本质上讲，研究音乐也是研究数学。明朝皇族朱载堉所创的十二平均律就是一种将数学思维和音乐美感相结合的典范。十二平均律将一个纯八度音程平均分成 12 等份，每份为一个半音。由于采用平均划分的方式，所以相邻两律之间的震动数之比完全相等，这样就可以确定乐音的高度。因此，又称为"十二等程律"。此时的"十二"就可以被看作一种进制，每隔 12 个音就是一个八度。对于钢琴来说，它的键盘就是依照十二平均律划分的。除钢琴外，还有律管，它是完全按照等程律的数据来制造的，将它们编排在一起，可以满足任意转调的需要。

那么，如此美妙的十二平均律是怎么来的呢？其实它的关键在于找出最中间的那个音，一个八度的正中间是 1∶2 的正中间，普通数学的 1 与 2 的正中间是 1.5。就律管长度而言，1.5 尺是 1 尺与 2 尺之间 3/4 的位置。我国古代传统的十二律，其音名分别为黄钟、大吕、太簇、夹钟、姑洗、中吕、蕤宾、林钟、夷则、南吕、无射、应钟。其中，黄钟倍律长度 / 黄钟正律长度 =2/1。最重要的就在于对 2 做开方运算以求出正中间的比率数，所以 $x^{12}=2 \Rightarrow x=\sqrt[12]{2}$，它是计算的焦点。如果将之看成一个指数函数，这就演化为了数学中的指数函数求解问题。在计算出 x 后，每个音律都可以以此为基准，计算不同的半音长度。然而，古代没有电子计算工具，又该怎样做这种多位数的开方运算呢？对此，朱载堉发明了一种大型算盘计算十二平均律，他也是第一个创造十二平均律并给出了变调方法的人。这一音律法则具有诸多优点，其中最突出的是便于转调，简化了升、降调之间的关系。在十二平均律广为流传后，西方有不少名家运用十二平均律创作了很多曲谱。其中，德国著名作曲家巴赫于 1722 年发表的《谐和音律曲集》，据推测是为十二平均律的键盘乐器所著，巴赫在乐集中谱写了大、小调各两套十二平均律钢琴曲共计 48 首。

由此可见，十二平均律的出现不仅是音乐发展史上的一个重要节点，而且也是数学发展历程中的一个重要里程碑。

1.3　无穷和微积分

17 ～ 18 世纪，数学领域的最大成就是牛顿和莱布尼茨的微积分思想。虽然这次思潮起源于英国，但 18 世纪的资本主义生产方式却带来了法国大革命，数学的研究阵地也随之转移到了法国。因此法国的土地上出现了一批至今仍如雷贯耳的名字：拉格朗日、拉普拉斯、蒙日、勒让德等。当时，由于提高生产力水平的迫切需要，以及伴随着力学和天文学的发展，牛顿和莱布尼茨在前人的研究基础上几乎同时完成了微积分的基本创立工作，只是两人的侧重点不同，一个侧重于作为微分学中心理论的切线问题，另一个则侧重于作为积分学的中心理论的求积问题。而它被用来解释几何问题时，我们称之为解析几何。当然，微积分的产生不仅仅源自对曲线所围成面积问题的求解，综合来看，可归纳为以下五类：第一类是研究运动时的求解即时速度问题；第二类是求曲线的切线问题；第三类是函数中最大值、最小值的求解问题；第四类是关于曲线的问题，如曲线的长度、围成的面积和体积等；第五类是关于物体重心、体积较大的物体作用于另一物体上的引力等力学综合问题。

在天文、航海等领域，有很多有关运动的现象，如斗转星移、航线测定等。出于现实的需要，一个基本概念被确立出来，并在之后的200年里占据着几乎所有的数学工作的中心位置，它就是函数。而函数概念所衍生出的微积分也是欧几里得几何问世1000多年后，数学发展史上的最大创造。我们刚才提到，牛顿和莱布尼茨在创立微积分时所考虑的角度不同，牛顿主要立足于物理学，莱布尼茨则侧重于几何学。但相同的是，二人的出发点都是对无穷小量的研究。

微积分的中心理念是求极限，也就是对无穷小量和无穷大量的表述和计算。由此，微积分可分为两种思想：一种是微分思想，另一种是积分思想。微分思想所刻画的是非常小的数字，如从苏州到拉萨的平均坡度是多少？从成都到拉萨的平均坡度是多少？从墨脱到拉萨的平均坡度是多少？根据简单的地理学常识，以上由远及近的两地距离就能被归纳出：从远距离的平均坡度一直到极短距离内的平均坡度是一个无止境不断缩小的过程，最终我们将会得到一个点的坡度值。类似于此的思维过程运用的就是微分思想。而积分思想刻画的则是无穷多的现象，比如，若求一条曲线的长度，那么应首先将这条曲线分为10段，然后将每段相加得到曲线的长度，为了更准确，我们可以将曲线分为 100 段、1000 段、10 000 段、100 000 段、1 000 000 段……就这样无限分下去，分的段数越多，每段的长度越小，之后相加得到的数字就越接近这条曲线的真实长度。而微积分的出现，则避免了在解决这样的问题时无限地、一步一步地推算下去。虽然牛顿和莱布尼茨确立了较为完善的微积分基础运算体系，但还存在很多有关严密性的问题没有解决。其实在整个 18 世纪，也就是微积分创立初期，其理论基础都是混乱和模糊的，直到 19 世纪，法国数学家柯西才完善了这些问题，柯西极限存在准则的出现为微积分理论注入了严密性。至此，微积分屹立在了一个严密分析的基础之上，也为 20 世纪数学的发展奠定了基础。在微积分的发展过程中，贡献较多的学者集中于欧洲，特别是法国。而中国此时正处于明清时期，除了十二平均律，数学研究在这个时期基本处于停滞状态，因此我国的数学家也就与微积分理论的创立无缘了。

到了 19 世纪，法国与德国开始在数学研究领域争雄称霸。大革命时期创办的法国综合技术学校成了 19 世纪初数学研究的世界中心，以两大数学家傅里叶、柯西为首的调和分析与分析学方向是其代表，而他们的影响也一直持续到现在。在德国，进入 19 世纪后，哥廷根大学厚积薄发，"数学王子"卡尔·弗里德里希·高斯横空出世。

19 世纪 20 年代至今，数学学科踏上现代数学的征程，主要研究领域转变为最一般的数量关系和空间形式。其中，数和量被看作极特殊的形态，而通常我们所熟悉的一维、二维、三维空间的几何图形也只能体现特殊情形。在这一发展阶段，抽象代数、拓扑学和泛函分析成了整个数学科学的研究主体，这不仅是数学专业学生的必修课程，而且也是一部分非数学专业人员所必备的素养。19 世纪上半叶，分别产生了数学的两大分支，相继诞生了非欧几何和非交换代数。1826 年，以罗巴契夫斯基和里耶为代表的数学家发现了与传统欧氏几何不同，但也不能被证否的几何理论，称为"非欧几何"。它一经问世，便改变了人们原本所坚持的欧式几何唯一性的观点。其革命性思想不仅开辟了新几何学的发展道路，更是奏响了20世纪相对论产生的前奏。现在，作为后来人可以这样说：非欧几何诞生所引发的思想解放对整个现代科学的发展都有着极为重要的激励作用，因为自此人类开始突破感官的局限而开始深入自然的深刻本质之中。1854年，德国著名数学家、物理学家波恩哈德·黎曼进一步推广了空间的概念，开拓了几何学新大陆——黎曼几何学。

非欧几何的发现还促进了数学理论界对其公理方法问题本身的深入探讨，数学家开始研究可以作为学科基础的概念和原则，对各种公理的完全性、相容性和独立性问题展开了不同角度的研讨。1899年，希尔伯特在此方面做了重要贡献。另外，研究者将"群"的概念引入对一元方程根式求解条件的探究之中。19世纪20～30年代，阿贝尔和伽罗瓦开创了近世代数，自此代数的研究对象扩展为向量和矩阵等，并渐渐转向对代数系统结构本身的研究。以上两者被称为几何学的解放和代数的解放。20世纪初，自然数可用集合论的概念进行定义，这一理念被证明后，便为各种数学问题以集合论为基础被描述提供了一定的借鉴。而拓扑学起初只是几何的一个分支，直到20世纪40年代才得以全面推广，它被定义为对于连续性数学的研究。20世纪，数学几乎渗透到了所有领域，在各个学科中都发挥着越来越重要的作用。与此同时，计算机技术的兴起也对数学的发展产生了难以估量的积极影响。

前沿思考

用感官去感受世界，用大脑去思考世界，这是智慧生物的共同特征，如果将两者融为一体，则可能产生意外的惊喜。英国著名博物学家赫胥黎曾说："科学和艺术就是自然这块奖章的正面和反面，它的一面以感情来表达事物的永恒秩序，另一面以思想的形式表达事物的永恒秩序。"作为一门古老且经久不衰的科学，数学所探究的是这个客观世界中很纯粹的东西。对同一个事物，不同的科学家将会得到相同的结论。而对于艺术家来说，他们表达的是纯粹的、主观的东西，即便是要表达同一种情感，也会呈现不同的状态。科学和艺术虽然有客观与主观的界限，但它们又是不可分离的，独立发展都不会看到远方。这两个东西所追求的目标都是去揭示自然界的奥秘，只是采用的方式不同，如音乐方面的很多名家其实也是数学家。经过这样一番讨论，我们可以得出这样的结论：深知科学、不懂艺术的人不会成为一位完备的科学家，而只懂艺术、不懂科学的人也不会是一位向远方奔跑的艺术家。

第 2 章
CHAPTER TWO

现代物理的前瞻性思考

究竟该用一个什么词语来描述物理世界呢？称它为一门美得无可挑剔的科学，似乎无法将物理世界中那种奇妙的感觉完全描述出来。从初中我们就开始接触物理学理论，物理给笔者的感觉是很难学，比数学难得多，似乎学习物理学科需要一种灵感。但凡我们抓住了灵感，学起来就会很轻松，但这种东西只可意会不可言传，可遇而不可求，那么这个东西究竟是什么呢？在笔者看来，物理比纯数学多了一点妙处，虽说数学是物理的基础，但是把握不好物理之妙处，就无法心领神会，也无法实现物理研究质的飞跃。

一个苹果引致万有引力的诞生，进而构建起经典力学的大厦，但是为什么偏偏是牛顿发现了万有引力？难道只有牛顿在树下的时候苹果才会掉下来？梦回当年，如果牛顿邀你同游，你们共同看到了苹果下落，你会意识到这是万有引力的作用吗？牛顿之所以因为苹果发现了万有引力，在于其异乎常人的心智、好奇心和充分的理论积淀。物理是一门揭示空间、时间和万物运行规律的学科，纵观众多物理学重大发现，几乎都是从一个现象入手的，通过深挖内部机理，进而打开了新世界的大门。好奇心则是学者不断追求更完美物理学的动力，它是人们认识世界的起点，是所有基础理论研究的原始冲动，更是探究新知的内在渴望和持续动力。对于物理学家而言，又有什么理由不去探索未知的世界呢？

20世纪上半叶，为了认识自然、揭示隐藏在"黑暗"中的内在规律，爱因斯坦、玻尔等一批又一批伟大的科学家怀着对未知的好奇，开创了相对论、量子力学等一个又一个理论，将人类对自然的认识提升到了全新的高度。学者曹则贤的《一念非凡》概括了推动物理学发展的重要思想，这些旷古奇思正是在好奇心指引下，对某个闪现的灵感，以天马行空的姿态大胆假设、认真求证，成就了人类在认识世界领域的纵身一跃，为人类的科学事业增光添彩。中国学问与科研向来以"规矩"二字相称，而追求巨大进步的核心恰恰是突破这些固有框架，跳出认识的局限，在自由摸索的道路上执着前行，将不可能变为可能，实现一念非凡的跨越。但不是所有的知识都要等待某一现象出现之后我们才去研究它，时代的发展也可能促进这方面科学的进步，这时就不得不提及科学知识体系的形成。科学知识的形成途径通常有两种：一是生产力发展的需要，由直接具体的感性认知上升为间接抽象的理性认知，即从实践到认识的过渡；二是人类对客观世界的好奇心和求知欲的作用，遵循从观察到分析再到归纳，进而找到其现象发展内在规律的流程。很显然，这是从个人主观认知出发的，而物理科学的发展从最初主观的判断到现在发展成为一门实验科学，科学家也是通过这两种途径认知世界的，并将物理学逐渐发展成现在这样一个成熟的体系。

2.1 伽利略的小球

关于自由落体运动，古希腊哲学家亚里士多德曾经凭借直觉和观感得到过这样的结论：相比轻的物体，较重的物体下落速度更快，落体速度与重量成正比。由于亚里士多德本身的影响力以及科技水平的局限性，在长达1900余年的漫长岁月里，这种认识被奉为真理，直到1590年伽利略在比萨斜塔上完成"铁球实验"，才推翻了"物体下落速度和重量成比例"的说法。然而，并没有确切的资料证明该实验的真实性。据相关资料，伽利略还做过大量与自由落体有关的实验，也测定了不同材质物体从塔顶落下的时间差异。最后，他认为若只以本身重量为参考因素，各种物体都是同时落地的。也就是说，下落运动与物体的材质并无关系。另外，伽利略通过反复的实验表明，若忽略空气阻力，不同重量的物体自由下落的速度，即重力加速度也是相同的。伽利略得出的这个结论经得起时间的考验，且可重复验证，这就是实验科学的可复制性。将物理学进化为一门真正的实验科学的关键节点正是伽利略和他的小球——自由落体实验。

物理成为一门实验科学的开山之人是伽利略，但物理学的开端则是16世纪（文艺复兴时期）哥白尼提出的日心说。这一学说否定了教会的权威，在当时那个宗教权威盛行的时代，此学说与教会所倡导的对自然及人类自身的看法大相径庭，因而罗马教廷"裁决"日心说的理论违背了《圣经》。但哥白尼依然不放弃自己的学术坚持，并经过长年观测和计算完成了人类天文学史上的革命性著作《天体运行论》。迫于教廷的压力，该书一直到哥白尼临近古稀之年才终于公开出版。该书的公开对于现代科学的发展有着跨时代的意义，它是现代科学的起点，也是通过观察计算得出较为客观结论的一本系统理论书目。

《天体运行论》的出版从一定程度上推动了伽利略、开普勒等人的科学发现。在伽利略富有传奇色彩的科研生涯中，除了著名的自由落体实验，他的摆钟实验也为世人所熟知。伽利略通过绳子和铁块模拟了摆钟的形状，将绳子的长度作为变量，通过大量的实验分析，伽利略不仅从中发现了摆的等时性，而且探索出摆长与一次摆动完成所需时间的确切关系。同时，他还是利用望远镜取得大量成果的第一人，他创建了实验、物理思维和数学演绎三者巧妙结合的方式。由此可见，真正的物理实验是从伽利略开始的，所以有些大学的物理楼上会垂挂一个摆钟，这种设计直接将其与其他专业教学楼区分开来。由此，后世公认伽利略是将物理学引入新时代的开创者。

作为与伽利略同一时代的物理学家，开普勒也推动了物理学的发展，他发现了行星运动的三大定律：周期定律、面积定律和轨道定律。三者可分别被描述为：行星公转周期的平方与其同恒星（太阳）距离的立方成正比；行星向径在轨道平面上在相等的时间内扫过的面积相等；所有行星都在大小不同的各自椭圆轨道上运行。最终，这三大定律为开普勒赢得了"天空立法者"的美名。此外，他在光学和数学领域也做出了重要贡献，被称为现代实验光学的奠基者。站在这两位科学家及其他先辈的肩膀上，牛顿发现并创立了人们熟知的万有引力理论以及三大运动定律，这两个理论奠定了此后300年间物理学科的世界观，并逐步演变为现代工程学的基础。他论证了万有引力理论与开普勒行星运动定律的一致性，揭示了无论是地面物体还是天体的运动都需要遵循普遍存在的自然法则。此外，他也为太阳中心说的确立提供了强有力的理论支持，进而推动了科学革命的进程。牛顿的万有引力和哥白尼的日心说奠定了现代天文学的理论基础，如今运载火箭、人造卫星和宇宙飞船的发射大部分都是以经典力学，即牛顿三定律为基础的。

继牛顿之后，19世纪的麦克斯韦可谓是物理科学界的又一位有重大贡献并推动物理学向前快速发展的科学家。他不仅是经典电动力学的创始人，而且是统计物理学的奠基人，其1873年出版的《论电和磁》一书亦被认为是继《自然哲学的数学原理》之后最为重要的一部物理学经典著作。另外，麦克斯韦还预言了电磁波的存在，为电磁学的创立发展奠定了坚实的基础。要知道，若缺少了针对电磁学理论的深入研究，也就不可能产生现代电工学，繁荣昌盛的现代文明也就不可能存在。而麦克斯韦方程可谓是其科研之树上的一颗最为丰硕的果实，它是一个可以满足多种变换的方程，就算在相对论诞生、量子力学提出后，它的位置依然不可撼动。而牛顿力学则不然，它只能满足伽利略变换，而不能满足洛伦兹变换。尽管如此，从时代进程来看，19世纪末的物理学已经形成了较为完整的经典物理学体系：力学——牛顿经典力学；电磁学和光学——麦克斯韦方程组；热学——分子运动论。

那时的物理学已经发展到比较完美的状态，然而，经典物理学也有解决不了的问题，可归纳为四类：一是黑体辐射，即"紫外灾难"；二是光电效应；三是光速测量；四是原子的稳定性和大小，即原子是否可分。面对这些难题，当时的物理学家并没有感到忧伤或危机，反而持乐观心态，认为这些问题终会解决。这种积极向上的态度和求真务实的觉悟最终带来了20世纪的物理学变革，其中，量子力学和相对论是近代物理学发展的两大重要支柱，为近代物理提供了腾飞的支撑平台。

以上梳理可以使我们对物理学的发展历程有更加清晰的认识，美国物理学评述委员会指出：物理学是关于自然界最基本形态的科学。其包容尺度从基本粒子到整个宇宙，包容的事件从 10^{-21} 秒到宇宙年龄，并指出物理学的发展程度决定着人类的未来走向。从热学、声学到光学、电磁理论，从量子力学、相对论到核物理、激光物理，这些都是

19世纪和20世纪物理学发展历程中的一座座丰碑,人类的物质观、宇宙观也随之产生了大变革,整个自然科学体系得到了长足发展,继而推动了核技术、固体电子学与计算机、航天与空间探索、激光技术等高科技的发展,为其提供了重要的科学依据。

2.2 看得见的量子力学

对于物理的门外汉来说,物理理论高深难懂,就如同物理学家费曼对量子力学的形容:"我想我可以有把握地说,没有人理解量子力学。"但它实则充斥着我们的日常生活,它描述了客观世界的运作规律和方式。试问沐浴阳光之时,你是否思考过太阳发光的原因?若缺乏量子力学的相关知识,就无法领会其奥妙之处。近千年来,虽然自然科学的门类越来越丰富,但是科学家所执着的最基本问题始终没有变:物质是由什么构成的?通常的说法是:原子和分子是构成这个世界的"乐高积木"。但现在我们知道,所有物质,包括原子和分子均是由电子与夸克这两种基本粒子构成的,而它是否可以再分割依然有待研究。原子由电子和原子核构成,原子核由质子和中子组成,而这两者又分别由夸克组成。为了进一步理解微观世界的运作方式,科学家动用了量子理论。这个理论存在许多有趣的预言,比如粒子可以同时分处两地。这种说法看似诡异,但它却已是如今物理学中最经得起考验的理论之一了。它也是包括手机芯片在内的一些现代科技的理论基础,这也是智能手机之所以智能的原因。其真可谓是奇怪却又正确的重要理论。

前面说了很多物质单位,那么量子到底是什么呢?举个例子,我们可以把一盆仙人掌放在阳台架子的某一层上,但绝不可能把它放在层与层之间的位置。在现代物理学领域,将一个架子按隔板分层就是

"量子化",这意味着它们是有次序和级别的。在量子世界里,存在可以被不同级别的"隔板"分门别类的情况。比如,构成原子的电子可以位于"架子"的某一层"隔板"上,而这种具有级别和层次的"隔板"就是能级。只要用适当的能量在量子世界中踢一下这个电子,它会立即从一层"隔板"(能级)跳到另一层"隔板"(能级),这就叫作量子跃迁。再举一个或许大家更熟悉的例子,假设存在一辆量子车,能分别以 50 千米/小时、100 千米/小时和 300 千米/小时的速度行驶,也就是说换挡时,车速会瞬间从 50 千米/小时转为 100 千米/小时,乘客甚至察觉不出加速的过程。这就是量子跃迁,就像是氢原子,电子可以在不同能级中跃迁。

在量子物理中,有些东西是不可知的。由海森堡不确定性原理可知,我们不可能在同一时间精确地知晓一个粒子的具体位置和运动速率。若想真正领会这一理论,就要理解观测效应,也就是在测量某一个系统时,这一行为所带来的结果变更。若想找出电子的准确位置,就要用诸如光子等物质对其进行探测。但与此同时,电子受探测行为的影响,其运动方向会发生改变。此时,虽然这一过程最终能够告知电子被探测时的位置,但无法知晓电子接下来的去向。而不确定性原理存在的原因,则是宇宙万物既表现出波态,又表现出粒子态,即波粒二象性。也就是说,宇宙空间中的所有物体既像波,又像粒子,这一理论也为我们揭示了自然的内在模糊性。量子力学理论的核心是薛定谔方程,它在量子力学中的地位正如牛顿第二定律在经典力学中的位置。

薛定谔方程的解为波函数 $\Psi(x, y, z, t)$,x、y 和 z 代表空间坐标的三维坐标数值(三维情形)。波函数 Ψ 有许多可能解,而不同的可能解之间似乎也可以相互作用,最终表现为叠加态,即处于中间或不定的状态,而将它们结合在一起似乎才能正确描述现实宇宙。与此相关的还有一个被称为"薛定谔的猫"的实验,1935年奥地利物理学家薛定谔进行了这个思想实验来传达叠加态的概念。他假设一个封闭的盒子里有一只猫,里面有满足其生存的所有必备条件,但是除了打开盒子外,无法观测到盒子内的情形。同时,盒子内部还有一个放射性触发装置连接着一小瓶氰化物,如果放射性物质衰变,机械装置会击碎装有氰化物的玻璃瓶,此时猫会死亡。在触发条件中,原子的衰变服从量子定律,因此它的波函数的解有两个:衰变和不衰变。因此,从量子力学的角度思考,我们可以认为在盒子被打开以前,无法观测到内部状态,放射性物质则处于衰变和不衰变的叠加态,而猫也就处于生或死的叠加态。

另外,量子力学领域还有一个著名的实验——双缝实验。实验人员将光、电等粒子打向一面有两道缝隙的屏幕,此为第一面屏幕,在其后方架设第二面屏幕,为探测之用,它可以为我们描述微观物体的波动性与粒子性的相关现象。最简单的双缝实验可以在水中进行,在水中滑动手指可以制造出波,它们通过两道缝隙时会产生明显的相互干涉作用,并形成显著的干涉条纹。但若是把实验对象由水换为子弹,其射向屏幕后,我们所能观测到的就是两条并排堆积的子弹,而非干涉图案,这种表现形式就是粒子的行为。那么如果把实验对象换成电子呢?它射向缝隙后会发生什么呢?

事实上粒子是量子的,因此会产生干涉条纹。电子会在探测屏幕上产生干涉图案,像是每个电子都会同时经过两道缝隙,并且产生相互干涉作用,这似乎是一种电子的波性暗示。由海森堡不确定性原理可知,在量子领域无法知晓电子的位置。电子打向屏幕时,通过两条缝隙中任意一条的概率是相等的,因而它事实上属于叠加态,也就是说,电子同时通过了两条狭缝。这种波粒二象性让人既着迷又抓狂，那么是否有方法探知电子究竟通过了哪条狭缝呢？我们可以在某处架设探测光源来实现监测。在不同影响因素情况下，双缝实验表现又是怎样的呢？

当探测屏上形成干涉条纹的情景模拟时，会出现多条光影响。探测屏上形成干涉条纹的情景模拟，此时干涉条纹消失，即观测行为使波函数产生了"坍缩"，电子也就不再处于叠加态了。电子的波行为就消失了，它的表现就只能由粒子态描述，因此与前一种情况呈现不同的现象。

此外，在量子力学领域还有一个有趣的概念，叫作"纠缠"。2016年8月，中国发射了世界首颗量子卫星，"纠缠"一词不断在发射前后被提及，其实纠缠就是指两个粒子间的联系，无论两个粒子处在同一屋檐下还是分处宇宙的两端，对其中任意一个的测量都会立即影响另一个。换言之，只要对其中一个粒子进行观测，就可以瞬间知悉处在宇宙另一端的一个粒子的状态。比如，一个人的双手中各有白、蓝两色弹珠一颗，当把手背向身后随意交换弹珠时，从面前观众的角度去看，两颗弹珠是"纠缠"的状态，但由于一只手只能握着一颗弹珠，也就是说，在某一时间若白色弹珠在右手，那么必然意味着蓝色弹珠在左手。而在量子领域这种思想实验会更加复杂，因为弹珠的颜色不确定，且完全随机。然而，正如我们之前所讲的，当观看者位于人的身后，看到其中一颗弹珠时，这种随机性和不确定性就会被完全消除。因为若你看到一颗白色弹珠，就会知道另一颗是蓝色的；反之亦然。因此，处于纠缠状态的粒子会相互影响，无论相隔多远。有趣的是，爱因斯坦对这一设定持怀疑态度，他认为这违反了相对论中所限制的宇宙速度极限，也就是光速，因此给量子纠缠打上了"鬼魅般的超距作用"标签。

那么，物理学家究竟是怎么进行量子纠缠实验的呢？以光子为例，科研人员将一个高能的光子分裂成两个低能的"子光子"，两个"子光子"就像完全相同的双胞胎一样彼此间存在着神秘的联系。还有一种方法是通过架设实验装置使两个光子通过复杂的镜子迷宫，由于无法得知其传播方向，因此就能创造出纠缠的"不可知性"。

最后，我们来看看量子力学和经典力学究竟有何区别。可以把我们所生活的常识世界看作"经典"世界，服从的规则为经典力学，而微观世界服从的规则和"经典"世界不同，为量子力学。比如，一辆车沿直线匀速行驶，这辆车就可被看作"经典"世界的物体，但若将车量子化，那么它有可能时隐时现，有可能时快时慢，因为对它的观测需要服从量子规则。但当有足够多的微观物体结合在一起时，比如构成原子，量子效应就会逐渐消失，世界规则又变回到"经典"模式，这就是玻尔的"对应原理"。

物理学家对量子力学又是如何理解的呢？第一种是多世界诠释，观测者的观测行为会分离出无限个平行宇宙，每一个都是薛定谔方程中波函数 Ψ 的一个可能解，而我们只存在于其中一个特定宇宙。

第二种是哥本哈根诠释，它认为在观测之前，每个电子的位置不明，具有波的分散性，在同一时间穿过两条缝隙后，其相互干涉作用在第二面探测屏幕上产生了明暗条纹。观测的瞬间，电子的位置就会"坍缩"为一个点，使得观测行为无从干涉。也就是说，观测行为会直接导致波函数 Ψ 发生坍缩。

第三种是"德布罗意-玻姆"的导航波相关理论，在玻姆力学中，量子粒子被当作经典粒子，因此电子不存在叠加态，位置明确，即使该位置无法被观测者察觉。在穿过缝隙时，电子的位置会被"导航波"推动。此时，电子为粒子态，一个电子只可穿过一条狭缝，但导航波的波属性使其可同时穿过两条狭缝，进而在探测屏幕上形成干涉图案。而对狭缝的测量会致使导航波"坍缩"，从而确定电子的运动路径。

虽然量子力学与相对论同为现代物理的支柱性理论，但是这两种理论在一定程度上也是冲突的，而量子力学和广义相对论最大的冲突在于对万有引力、电磁力、弱作用力和强作用力这四种基本作用力的描述上。量子力学认为万有引力来自粒子的交换，电磁力来自光子的交换，弱作用力来自玻色子的交换，强作用力来自胶子的交换。但在广义相对论中，引力无法"量子化"，爱因斯坦认为万有引力是由空间弯曲导致的。此外，对于相对论来讲，使其他三种力"几何化"也是不可能的。而造成这种差异的原因在于两者的数学基础不同，故而衍生出的物理意义和哲学思想都存在着巨大分歧。首先，从数学上讲，广义相对论是无限可分的，是连续性的，而量子论中存在最小单位，因此是有限且不连续的。其次，从物理学上讲，广义相对论属于经典确定的理论，体现在由状态 A 可以推论出确定且唯一的状态 B。而量子理论是不确定的，由状态 A 到状态 B 是一个随机的过程。最后，从哲学意义上讲，广义相对论描述的世界是客观实在性的，严格区分客观宇宙与主观观测者，在观测过程中观测者只能发现世界。量子理论描述的世界是主观能动的，宇宙与观测者相互交融，在观测过程中观测者可以实现改变世界。

物理学的进步与产业发展联系紧密，第一次工业革命标志着人类迈入蒸汽时代，蒸汽机以及其衍生机械是力学和热力学等相关物理学理论发展的产物，它表现为伽利略、牛顿、克劳修斯和瓦特等人的物理学理论。第二次工业革命标志着人类社会进入电气时代，人类社会基本实现了电力化和电气化，而物理学领域的支撑理论则是电磁学、电动学等的相关内容，主要为其做出贡献的是麦克斯韦、高斯、奥斯特和法拉第等人。第三次工业革命将人类引入原子能时代，相对论和量子理论的问世使得核物理取得重大突破，普朗克、爱因斯坦、巴丁、海森堡、薛定谔都是这个时代理论的主要贡献者。20世纪后半叶，数字化、信息化革命开始，相对论、量子力学、半导体物理的产物不断涌现。物理学的不断发展推动了高新技术产业的进步，让人类社会不断实现更高阶段的现代化。

从激光技术到电子显微镜，从原子钟到核磁共振，这些技术的实现全都有赖于量子力学的原理和效应。而对半导体的研究促成了二极管和三极管的发明，为现代的电子工业铺平了道路，尤其是为核能的运用提供了关键的理论支撑。有学者曾总结出量子力学在现实世界的十大应用。

（1）陌生的量子，不陌生的晶体管。晶体管的出现，必须要感谢量子力学理论。如今现代电子设备微型化和智能化对晶体管技术的依赖越发严重，因为晶体管能够同时兼有电子信号放大器和转换器的两大功能，实现功能的整合与体积的大幅缩小。这几乎是所有现代电子设备最基本的功能需求，英特尔和美国超微半导体公司（Advanced Micro Devices, AMD）的尖端芯片上已经能够摆放数十亿个微处理器，这些都建立在量子理论和晶体管技术之上。

（2）量子干涉实现能量回收。量子干涉是指将同一个量子系统由若干个异态叠加为一个纯态的情况，利用这一理论，研究人员开发出一种分子温差电材料，能够使得热量转化为电能的效率大幅提高。若是采用这一材料制造汽车的散热零件，每辆汽车将转化出足以点亮200只100瓦灯泡的电能，而更常见的光伏太阳能板也是运用这种原理将热量转化为电能的。

（3）飘忽的量子，精准的时钟。工程师在计算太空船的飞行轨迹时，必须明确目的地位置和距离。但无论是恒星还是行星，都处在时刻运动当中。而且一旦太空船飞出所在星系，留给误差的边际范围将变得非常小，这些测算工作都离不开原子钟的运行。而对于原子钟来说，误差的最大来源就是量子噪声，其所产生的音震能够严重干预原子钟内原子的振动。德国的研究人员已经开发出通过调整铯原子能级来降低量子噪声程度的技术，将其用在原子钟上可以极大地提高精度，进而降低测算航天器飞行轨迹时的误差。

（4）量子的敏感，密码的安全。利用量子纠缠效应和单光子偏振态，可以构造量子密码，实现全新的信息传输方式。在量子世界，任何黑客都无法做到不留下干扰痕迹就闯入系统。我们将非法解码这一举动看作量子力学中的观测行为，由于所有观测行为都会导致量子本身状态的改变，因此黑客无论采取任何动作都会使密码系统改变原有状态，而黑客的每一次非法拦截，都会导致实际密钥编码的变化，使得黑客陷入不断变动的无限循环之中。所以，量子密码的出现被誉为"绝对安全"的回归。

（5）随机数发生器——上帝投出的"骰子"。我们通常说的随机（random）是什么？抛硬币或是掷骰子？但从概率论的角度来说，只要收集了充足的信息就可以对结果进行一定范围内的提前预判。而真正的"随机"则发生在量子世界里，它的一切行为，包括结果、趋势和过程等都是绝对无法预测的。马克斯-普朗克研究所的研究人员正是凭借这种不可预知性，制作出了"上帝投出的骰子"——量子随机数字生成器。首先，他们在真空中制造波动进而产生量子噪声；其次，使用仪器测量量子噪声的随机层级；再次，获得真正的随机数字；最后，将这一随机生成器安装在固态芯片上。如此一来，这种随机数字生成器就可满足信息加密、天气预演等多种不同的使用需求。

（6）量子，激光。激光器的工作原理如下：第一步，冲击围绕原子旋转的电子，令其在低能量级别跃迁的过程中迸发出光子；第二步，周围的其他原子发生连锁反应，放出光子；第三步，激光集束器将这些光子集中，形成稳定束流。从风靡一时的激光唱机到作为国之重器的导弹防御系统，激光技术已经在人类社会中占据重要地位，而这些都离不开德国物理学家马克斯·普朗克在量子力学领域的贡献。他曾经指出：原子的能量级别不是连续的，而是分散的、不连贯的。因此，原子以发射电子的方式释放能量的过程中，是通过离散值上称作量子的最小基本单位实现的。而激光器的工作原理正是按照上述理论激发一个特定量子散发能量的过程。

（7）挑战极端温度，超精密温度计。用普通的温度计去测量接近绝对零度的物体，其后果可想而知。耶鲁大学研究人员发明的神奇温度计就可以应对这种极端环境，它不仅能在绝对零度环境中持续工作，而且能够同时保证测量数值的精确。粒子在穿越势垒时产生出了量子噪声，他们依靠量子隧道理论研发出量子温度计测算这些噪声，通过噪声的强度推算出物体的精确温度。

（8）集万千宠爱于一身的量子计算机。量子力学中的波粒二象性使得粒子拥有叠加效应，因此量子计算机就拥有任何传统计算机都无可比拟的巨大优势——并行处理。目前科学家最多只能一次性缠连12种粒子，而要实用化，则至少需要将缠连的粒子数量提高数十倍乃至上百倍。因此，量子计算机的商业化还需克服很多困难，需要大量的理论突破和技术进步。

（9）瞬时通信。现代先进的通信技术使得普通人产生一种错觉——手机、微信、电子邮件以及丰富多彩的网络媒体似乎已经将

"瞬时通信"变成现实。但事实上，任何一种通信技术都需要信号的传输，而信号的传输是需要时间的，只不过丰富的端口和相当于光速的传输速度将大家的感官蒙蔽了。而且如今正处于大变革时代，飞速发展的技术也使得人们对目前的通信技术十分满意，毕竟仅在半个世纪前，我们主要依靠的通信手段还是邮差和信纸。而真正的瞬时通信是指无须考虑距离等因素、不存在任何时差的实时信息传输，这些最终都要靠量子力学的发展和实践。

（10）瞬间传送。瞬间传送也叫作无视距离的实时传输技术，在量子理论中就是量子态隐形传输。在上文的介绍中，我们得知量子呈现出"纠缠"状态。"纠缠"的光子拥有"心电感应"一般的能力，能使量子态无视时空距离进行传输。其间，它传输的也不是通常所认知的经典信息，而是蕴藏于量子态中的量子信息，这些都将成为未来量子通信网络的关键组成部分。

2.3 光阴的故事

我们对时间不陌生，但是我们对时间在物理学中包含着的有趣的东西并不熟悉。人类使用时间参数对物质运动或事件发生进行过程刻画，而客观时间的确定需要依靠不受环境影响的物质周期变化规律，例如，行星的公转与自转周期、原子震荡周期，甚至是生命的周期等。公元前 2 万年，先人们启蒙了对时间的高级感知，并开始以在木棍和骨头上刻记的方式来计时。随后古埃及人发明了第一个移动日晷。400年，中国出现了更复杂的漏刻计时，计时功能的表现也更加精确。直到 1350 年，德国钟表匠才成功设计并打造出人类历史上第一部机械钟。此后，1500 年意大利的教堂上空响起了机械钟的雄浑之音，1656 年荷兰天文学家发明了增加机械时钟运行稳定性的摆钟。人类自此掌握了测量时间的较准确方法。

20世纪60年代末,第一块石英手表Seiko Astron诞生,刚推向市场时的价格能买一辆小轿车。传统机械时钟的精准性来自钟摆的规则摆动,而石英钟就是基于这种原理利用了石英晶体的规则振动,这种时钟误差很小。科学家发现通电后的石英晶体能产生有规律的振动,通过特殊的切割工艺就能对其振动频率进行控制。然而,它还是无法满足科学家深入研究引力论的需要。这时,之前提到的原子钟就应运而生了。与我们的普遍认知不同,虽然原子钟被冠以"钟"之名,但它并不直接显示钟点,而是一种保证计时装置精准性的精密仪器,它为物理学关于时间和空间的研究搭建了更好的平台。

但在物理学家眼中,时间更加神秘。爱因斯坦说:"时间和空间是人们认知的一种错觉。"大爆炸理论认为,宇宙始于一个起点,这同样也是时间的起点。关于时间,被广泛接受的物理理论是爱因斯坦的相对论。它是关于时间、空间和引力的基本理论,按照不同的研究对象分为狭义相对论和广义相对论。相对性原理是相对论的基本假设,也就是说,物理定律与参照系的选择无关。其中,狭义相对论的中心思想为绝对统一的时间是不存在的,其各自拥有各自的时间。除非两者相对位移矢量速度为0,即处于相对静止中,否则两个个体的时间没有任何关系和相互比较的价值。

为了对时间进行更加深刻的描述,我们可以进行一次想象实验。假设钟楼外墙上的挂钟有三枚指针,从指针全部重合的那一瞬间开始,一艘光速飞船垂直于钟面做匀速直线运动。那么飞船上的人看到的秒针是如何运动的呢?答案是他们永远只能看到秒针在摆动的第1秒。由于飞船处于光速直线运动中,因此影像传播速度也达到了光速,只有第 1 秒的影像凭借和飞船同时出发的优势，能勉强跟上。而第 2 秒的影像因为出发时间迟了 1 秒钟，所以根本无法赶上飞船的移动。而运用狭义相对论来阐释的话就是，钟表的运行在飞船出发的一刹那，已经相对静止了，永远停在了出发的那一秒。那么，对于狭义相对论最简单的理解就是：个体运动的速度越快，1 秒钟的时间就相对越长。长到什么程度呢？当个体运动速度达到光速时，1 秒钟的时间就会变成无限长，此时时间的边际增量无限趋近于 0，在我们眼中就是世界的"凝固"。综上可知，狭义相对论就是用来描述个体高速运动状态下，会发生的"钟慢、尺缩、质量大"的相对效应。

然后，再来看广义相对论，在这一理论构架中，万有引力其实根本不是一种作用力，在其看来，万有引力是指具有质量的物质所普遍存在的时空扭曲或不平坦，而这种扭曲我们一般无法察觉。其扭曲的原因是质量的存在，因此周围的物体或物质的运动趋势指向扭曲时空的中心点。这一过程外放至表象上，就表现为像是被某种拉力牵引的状态。因此，万有引力就是一种描述时空因质量而扭曲的表达形式。长久以来，它使人们产生了一种错觉，认为引力是一个物体直接作用于另一个物体的力量。

全球定位系统（global positioning system, GPS）是现代人类生活中重要的向导工具，无论身在何处，我们都可以依靠它去到自己想去的地方。它的准确率取决于卫星时间和地面时间的统一，也就是时间的精确计算。正是利用了相对论效应探寻 GPS 误差来源，才能修正相对论效应的影响，得到更准确的定位结果。其中起到作用的正是爱因斯坦相对论中的时空一体化理论。在 GPS 系统中，若是卫星钟和接收机所处的状态不同，如运动速度和重力位等的差异，都会致使两者之间产生相对误差。这些误差会通过影响原子钟的精准度进而影响导航定位的准确性。

接下来，让我们将对时间的认知扩展到整个宇宙领域，这就要提到史蒂芬·霍金的《时间简史》。该书用相对通俗易懂的文笔向读者诉说了一个关于时间本身的故事。时间看不到、摸不着，且人人拥有。这部时间的史书从宇宙谈起，而后落脚于对我们和宇宙存在原因的讨论。霍金指出："如果我们找到了答案，则将是人类理性的最终极胜利，因为那时我们知道了上帝的精神。"霍金眼中的时间与公众普遍所理解的时间不同，书中指出，此刻生活的宇宙有自我的历史起点，大约150亿年前，宇宙诞生于一个点，它不占空间，也无谓时间。后来，这一点发生了大爆炸，出现了时空，同时物质世界开始构建成形。爆炸发生之初，宇宙温度极高，随着时间的推移，爆炸使得宇宙膨胀的空间越来越大，温度也就逐渐降低，宇宙中的能量与物质不断发生复杂的反应，逐渐构成星系，大约50亿年前，太阳形成。太阳形成约4亿年后，地球形成。

霍金指出，宇宙处在持续膨胀的过程中，也许达到一定程度后，会逐渐开始收缩。这就像是生物的呼吸一般，有张有弛。但是宇宙的收缩可能最后又化为一个点，一个没有时空概念的点。到那时，空间不再具有意义，时间不再奔流向前，一切化为虚无。但人类和宇宙的结局到底为何，谁都无法给出定论。固然时刻有始有终，但那只是建立在一定理论基础上的科学假说，就算存在也只是发生于未来的某个结点。既然我们幸运地生存于当下的时空，就应成为一个活在现实中的人，绝不能辜负了150亿年前的那次爆炸。

前沿思考

在 21 世纪过了将近 1/5 的今天，在前辈的伟大研究基础上，物理学领域的研究不断更新，如激光技术、凝聚态物理、等离子体物理学等。这些理论都能推动我们社会的进步。然而在 21 世纪剩下的 80 多年里，物理学又将会有一个怎样的发展态势呢？如果根据历史进程和时代发展特征去下结论，可能会预测 21 世纪必然要发生生物物理学革命。单从历史观去考虑，人类的认识总是由不完善到相对完善，在相对完善后，又会出现其他问题，而这些问题累积多了也可能会出现新的理论。那么从历史角度和时代的发展来看，首先，21 世纪的物理发展肯定是对这些前沿物理科学的理论延伸及实际应用的探索，通过对理论的研究和在实践中的总结，尝试引起新的产业革命。其次，随着现代信息产业集群的兴起与快速发展，物理学的发展可能会为信息高速公路和计算机的发展提供强劲的理论支撑。在光电产业快速发展的这样一个时代，对于光电技术和光电效果的要求会越来越高，关于这方面的物理学发展肯定也会有大的进展。再次，就是现代学者较为认同，也是研究的大势所趋——多学科融合。社会作为一个整体，随着时代的发展，社会关系日益复杂，各个事物间都可能存在这样那样的、间接直接的联系，所以物理学与其他自然科学分支的交叉和融合也可能成为一种趋势。最后，物理学的发展可能会是对前人已经做出的物理理论的修正以及实验检验，它是一个完善过程。物理学的发展不仅仅是一个世纪的事情，有时候一个理论的沉淀、积累可能需要更长的时间，所以物理科学的发展趋势会延伸到未知的未来。

第 3 章
CHAPTER THREE

化学基础与材料科学

人类在演化进程和文明发展史中，与化学结下了不解之缘。从最初的钻木取火、加热食物，到后来的烧制陶器、冶炼金属，再到现在的内燃机、火力发电，都离不开对化学技术的应用。这些技术极大地促进了当时社会生产力的发展，不仅成为造就一个个辉煌时代的里程碑，而且是人类进步的标志。经过多年发展，化学已由侧重实用技术演化为一门理论研究和实际应用并重的学科，在人类实践活动的方方面面正发挥着越来越重要的作用。从鸿蒙初开到生机盎然，化学思想和化学技术伴随着人类社会的发展进步。

古代工艺化学早期主要被应用于陶瓷、冶金、酿酒、染色等生产过程中，通过实践经验的直接启发，经过数万年甚至数十万年的探索，而出现化学萌芽，此时化学的知识体系尚未形成。之后，化学进入了长达3000余年的大探索阶段，公元前16～17世纪中叶是炼丹术和医药化学发展时期。术士们为了获得灵药和金银，在宫殿中、在教堂里、在自己的家中，开始了最早的化学实验。在中国、阿拉伯、埃及、希腊都有记录和总结炼金术的书籍。在此期间，人们积累了大量的物质变化反应过程的感性认识规律,为化学的进一步发展准备了丰富的材料,这也是化学史乃至人类历史上的一幅雄伟景象。但后来,炼金术经历了风风雨雨,让人们更多地看到了其荒谬的一面,而化学技术和理论方法则开始在医药与冶金方面得到应用。在欧洲文艺复兴时期出版的图书中第一次出现了"化学"这一词汇。英语的 chemistry 起源于 alchemy,即炼金术。而 chemist 至今还保留着两个相关的含义:化学家和药剂师。这也可以说是蕴藏在语言文字中的文化遗产了。

从 17 世纪中期到 18 世纪后期,这是燃素学说占统治地位的时期。当时的人们认为物质燃烧是因为其中的燃素在发挥作用,燃烧过程也是从可燃物质中释放出燃素过程,而可燃物在释放燃素后变成灰烬。

18 世纪 70 年代,拉瓦锡使用定量化学实验来说明燃烧氧化理论,并建立了定量化学理论体系,定量化学时代的帷幕就此拉开。在此期间,他还建立了许多基本的化学定律,不仅提出了原子理论,发现了元素的周期律,而且开发了有机结构理论。这为现代化学的进一步发展奠定了坚实的基础。

20 世纪初,现代化学时代来临,各个学科间的相互渗透越发明显。一方面,量子理论的发展搭建起了化学和物理学沟通的桥梁,解决了化学中许多悬而未解的难题;另一方面,化学渗透到生物学和地质学等学科中,蛋白质和酶的结构等问题依靠化学分析方法逐渐得到解决。

3.1　火焰与燃烧

在古希腊神话中,普罗米修斯是人类的维护者,点亮了人类文明纪元的火种是普罗米修斯自天上带来的。在中国古代的神话和传说中,火是从木头中取出的,因此中国传统文化的五行中也有木生火一说。

古时候，我国河南商丘一带是大片的森林。此地的燧人氏部落经常捕食野兽，攻击投掷野兽的石头经常在与岩石碰撞时产生火花。他们受此启发，用两块石头相互撞击而产生的火花生火。这种方法在几十年前依然能在商丘地区的农村看到。而钻木取火的灵感传说来自啄木鸟啄击枯木时所升起的一缕青烟，由于鸟喙和干燥枯木高速摩擦，产生的热能作用于木屑进而出现青烟。当地人折下树枝，通过不断改进钻木方式，最终掌握了这一技能，并逐步推广开去，自此人类文明进入了一个新的阶段。火的使用无论是在西方神话中还是在中国神话中，给人们的生活带来的都是质的提高。

从开始掌握和使用火的那一天起，人类就从野蛮时代进入了文明时代，开始了了解、使用和改造物质的过程，并开启了化学发展史的序章。燃烧的本质是化学反应，但随着相关学科的发展，人们越来越发现它不再是一种简单的化学，还涉及热力学、传热传质问题和流体力学。在几百年前的欧洲，人们认为物质的燃烧取决于一种特殊的"燃素"。然而，这个明显不够理性的燃素学说，却在整个欧洲化学界的百年时间里作为一个颇具魅力的权威学说屹立不倒。

18世纪中叶，法国化学家拉瓦锡和俄罗斯科学家罗蒙诺索夫以他们的前期实验为基础，几乎同时提出燃烧现象是物质被氧化的理论。其中拉瓦锡的贡献在化学发展史上尤为璀璨。首先，拉瓦锡进行了2～3个有关燃烧的实验，据此他澄清了化学变化引起的物质重量变化这一现象。如若忽视这种现象，人们将很难从理论上揭示燃烧过程的真相，正是这些事实直接击中了燃素说的要害。然而，结合时代背景，这个理论几乎无立足之地。但以严谨客观的实证而得出的理论必然会将空想的燃素说埋葬，取而代之的是以新元素——氧为核心的生机勃勃的氧化学说。从此，关于燃烧的学说从根本上获得了重生。人们认识到，物质燃烧并非因为其中溢出了可燃物质，而是燃烧物质和空气中的氧原子结合发生了反应。以此为契机，人们完全抛弃了旧观念，并以氧气为中心确立了化学理论的新观点。通过这种方式，整个化学理论界完成了一次彻底的改革，因此拉瓦锡被称为"现代化学之父"。一位法国化学家曾说过："化学是法兰西的科学，它的师祖就是我们的拉瓦锡。这个名字将永放光辉。"

拉瓦锡的毕生贡献并不是发现了什么新事物，而是开创了以数学和物理的手段研究化学的方式，以及在这样一种牢固的基础上去建立崭新的化学。然后他将这种研究方法应用于他的主要研究——燃烧理论实验。这是他从18世纪70年代初开始到他去世一直从事的工作，在那期间拉瓦锡不断进行试验并观察实验结果。1772年11月，他的一篇有关燃烧理论的文章发表了。该论文指出，燃烧过程引起的重量增加，不仅出现在锡或铅等金属身上，还出现在硫和磷等物质身上。虽然它们的燃烧产物是可能消散在空气中的气体或粉末，但如果它们的溢出路径被阻，则原物体的重量将必然增加。燃烧后这种重量增加的现象若是放在燃素理论中会显得非常奇怪且无从解答，更何况这并非特例，而是一种极为普遍的现象。

那么，这种重量增加的原因究竟是什么呢？实验说明，在燃烧过程中，可燃物与空气的一部分物质发生化学反应，从而燃烧应被看作一种化合现象，无论是子虚乌有的燃素还是其他什么物质，它都不曾被分离出去。但是这"空气的一部分"是什么呢？对此，拉瓦锡一直苦无头绪，直到1774年10月的一天，英国学者普利斯特里到访，他向拉瓦锡描述了研究成果，包括氧气发现始末、他摸索出的实验方案和氧气的性质等。拉瓦锡认为这种气体正是他一直以来苦苦寻找的，他重复了普利斯特里的实验。他在一定量的空气中重复加热水银来探究质量、体积和气体的变化。他发现，在这种气体中，可燃物总能发出明亮的光泽，并进行强烈燃烧，这是一种使物质燃烧并在此过程中能够与可燃物化合的气体。因此他得出结论：没有这种气体，任何东西都不会燃烧。这种气体就是我们现在很熟悉的氧气，而这个名称最初也是由拉瓦锡授予的。在实验中，他观察到碳燃烧时会产生碳酸、硫燃烧时会产生亚硫酸、磷燃烧时会产生磷酸。也就是说，除金属之外的所有物质都可以与这种气体结合形成酸。由于所有的酸都可以由这种气体产生，因此它被认为是"酸源"或"成酸的元素"。

在燃烧学领域，拉瓦锡还对有机物进行了大量燃烧试验，并发现这些物质普遍会产生碳酸和水。此外，他还进一步发现了有机化合物的主要成分是碳、氢和氧。这一重要发现为后来建立有机化合物分析方法和有机化学的发展奠定了基础。同时，他还指出动物的呼吸作用实则也是一种燃烧现象，动物呼吸所产生的碳酸气和水分，是动物体内有机物发生化学反应后的产物，这与有机物燃烧时的原理完全相同。由此，拉瓦锡开始对人体越来越感兴趣，并开始了相关研究。但在法国大革命时期，雅各宾政府的实际领导人——罗伯斯庇尔命令其下属闯入他的实验室，毫不客气地把他强行拉走了，罪名则是他曾经担任过旧王朝的税务官一职，以及作为资本家拥有大量资产。与阿基米德面对罗马人屠刀时的请求一样，拉瓦锡同样发出了"请稍微等一下"的呼声，然而执法官认为"在法兰西共和国不需要科学家"，因此还是把他逮捕，并最终将他送上断头台。回首往日，我们又不得不感叹：一个个重大的发现或许就这样被埋葬了。

拉瓦锡之后的 19 世纪，热化学和热力学研究方法逐渐被引入燃烧理论的深入探讨之中。20 世纪初，苏联化学家谢苗诺夫和美国化学家刘易斯同时发现，探究影响燃烧速率的因素需要依靠反应动力学，后来通过研究进一步发现燃烧反应具有分支链式的特点。也就是说，燃烧过程中的生成物可以反过来加速燃烧过程。20世纪20年代，随着该领域的研究日益引起学者关注以及大量学者投身其中，他们又进一步发现，无论是火焰的点燃、熄灭和传播还是爆燃等，这些燃烧现象都是化学反应动力学及传热传质等物理因素相互作用的结果。在充分研究了几乎所有的燃烧状态和过程，包括湍流燃烧、层流燃烧、预混火焰和扩散火焰等，总结出其中的基本规律之后，人们认识到控制燃烧过程的主导因素并非传统认知上的化学反应动力学，而是流体动力和传热传质等物理因素，至此燃烧理论初步确立。

20世纪40~50年代，由于航空、航天工业的发展需要，有关燃烧的研究扩展到喷气发动机、火箭和飞行器头部烧蚀等领域，并在前期理论铺垫的基础上迅速得到发展。因此，美国物理学家冯·卡门和他的学生钱学森建议用连续介质力学方法来研究燃烧，提出了"化学流体力学"。到了20世纪70年代初，高速电子计算机问世，英国科学家斯波尔丁等人提出了一系列通过计算机的高速计算能力得以实现的数学模型建构和数值计算方法。这些模型和方法为燃烧学的基本概念、流体力学计算方法和燃烧室的工程设计等问题构建起了相互结合的平台，开辟了研究燃烧理论及其应用的新途径。20世纪70年代中期以后，随着激光技术的成熟和广泛应用，实现了对燃烧过程中物质的燃烧速度、温度和浓度等要素的精确测量，这加深了人们对燃烧现象的认识。

作为一个发展中的学科，燃烧学理论在各个领域还存在着很多亟待解决的重大问题，如现代化工领域的渗透燃烧、高强度燃烧、低品级燃料燃烧、煤浆燃烧、催化燃烧、流化床燃烧、燃烧污染物排放以及火灾预防等。随着多相流体力学、复杂反应的化学动力学、湍流理论和辐射传热理论的发展，燃烧科学领域的发展必将离不开多学科的相互渗透和相互促进，其发展也已不再是化学本身的独立行为，而是多学科的融合。这也是现代化学发展的趋势，而现在的化学进程多半需要其他学科辅助完成。

3.2　炼金术与元素周期表

在赫尔墨斯主义中，炼金术与占星术、神通术一同被列为"全宇宙三大智慧"，而其创造者——与希腊神话中的赫尔墨斯则被视为炼金术士的祖先。炼金术是化学思维形式在中世纪社会环境中的重要呈现。其主要目标是将普通金属转化为贵金属，尤其是黄金。那么，铅或铜怎样才能变成黄金呢？炼金术士认为，铅或铜不像黄金那样高贵耐用的原因是其本身的性质欠缺，因而就需要设法用各种物质来加以补充。有些人认为，除了亚里士多德倡导的"四元素理论"外，各种金属中最常见的三种元素是汞、硫、盐。根据这三种元素的比例，可以获得铅、铜或金。因此，他们使用不同的工艺，并以不同的比例混合这三种元素，或者在基础金属中添加某种元素，以测试是否可以产生黄金。炼金术发展到后来，演变出了各种玄之又玄的研究方向，如制造万能药、长生药等。虽然用现在的科学眼光去看，以上所谓的"研究"大多属于无稽之谈，但在19世纪之前，炼金术并未被科学所否定，包括牛顿在内的很多科学家都尝试过炼金术。直到现代化学的出现，人们才开始怀疑炼金术的可能性。

抛开附加在炼金术上的一切看似荒诞的表象，就其本质而言，它是对元素的研究。物质由元素组成，那么构成物质世界的这些元素究竟处在一个怎样的状态呢？是混乱、无序和孤立的，还是整齐、有序和联系的呢？19世纪初，英国化学家普劳特首先注意到了元素原子量的问题，他发现许多元素的原子量是氢原子量的整数倍，而且他认为所有元素都是由氢原子组成的，氢是所有元素的"基本元素"。这个观点被写成论文公开发表后，成了令整个化学界感到惊异和有趣的中心话题。

19世纪20年代末，德国的德贝莱纳首次提出"三元素群"的假说。他根据自己的研究指出，存在着性质上特别相似的三种元素，这些元素可以归类成群，最后表现为所有的元素。随后，人们继续研究类似的自然元素原子量。通过对大量的物质进行研究，发现在同一系列中各成员的分子量之间存在算术级数关系。自然界中"相似元素"的原子量也表现出算术级数关系，这两种关系的表述在本质上是相同的。但是，以该理论为基础提到的元素通常就不能被称为"元素"了，而且也无法真正明确最基本的元素是一个还是多个。但是，元素确实是无比肯定地存在着的。19世纪下半叶，阿伏伽德罗定律的坚定倡导者康尼察洛明确指出了原子和分子之间的区别。同时，斯塔司也明确了各种元素的标准原子量，这些理论使相关领域的研究工作逐渐活跃起来。对这些要素的理解不能像以前那样仅从个体层面考虑，而应从整体上进行把握。自此之后，一些有趣的科研成果接踵而至。其中有19世纪60年代的元素性质螺旋图、元素八音律、元素周期表。

19世纪60年代末的一天，在圣彼得堡大学举行的俄罗斯化学大会上，一篇历史性论文《元素的本质与原子量之间的关系》被发表，作者是该校教授门捷列夫博士。文中给出的元素排列似乎只比纽兰兹进了一步，但在经过详细描述后，人们发现这种形式天衣无缝地将所有元素整合在一起，并且具有广泛的适用性和异乎寻常的准确性。正是因为其中所内含的规律性的东西,所以我们在初中学完元素周期表后,能熟练地背出自然界中的所有元素。在元素周期表中,元素从小到大按原子顺序排列。表中的行为周期,列为族。原子半径从左向右依次减小,从顶部到底部又逐渐增加。元素周期表的横空出世,使得化学研究摆脱了混乱,使我们在理解物质世界方面有了质的飞跃,为以后化学物质的研究奠定了基础。

通过以上论述,我们会发现化学元素的研究趋势是从无序到有序。但是,我们在基础教育阶段学习化学时,它给我们的感觉依然是无序的和零碎的,不像物理或数学那样有章法、成体系,实际上这是对化学这门科学的误解。其实化学是美的,它最令人着迷的一个方面是能够从微观原子和分子的变化及其相互作用来解释宏观现象,如物质的转化和液滴的凝聚等。另外,它们在物质合成中的神奇作用还能使得"改变分子就可以改变世界"。

化学发展至今,通过对化学中的一些重大成果进行梳理,我们不禁会发出疑问:化学到底造就了一种怎样的思想观念或思维方式呢?有些人认为,化学思想是人们在化学实践中形成的一种思维方式和意识形态,是对化学这一学科的本质、特征和价值的基本认知。可这种思维方式是潜移默化地形成的吗?无法用语言来描述吗?

其实,化学思维模式是可以梳理出来的,而物质运动观的建立则被放在首要位置。世界上的一切物质都由化学元素组成。物质存在的方式不是保持静止,而是相对运动。通过化学运动(反应),不仅可以识别和分离物质,还可以合成物质;不仅可以合成已经存在于自然界中的物质,还可以合成自然界中不存在的物质。合成作为化学运动的主要方式之一,是化学家改造世界、保护世界的有效手段,建立在化学运动理论基础之上的化工产业为人类社会创造了巨大的物质财富。在明确了元素之后，想通过元素或物质之间的关系创造新物质时，我们一定要遵守物质守恒思想。在化学反应前后，原子的类型、数量、质量都不曾改变。这些微观特征决定了宏观状态下每种元素的类型、质量和物质的总质量在化学反应之前和之后都不会改变。也就是说，所有的化学反应都受到质量守恒定律的约束。守恒这种思想不仅仅存在于化学学科之中，在物理学中，能量守恒、动量守恒思想也贯穿始终。

  合成的物质和本来就存在的物质有许多，可是如何对这些物质进行分类呢？这不仅是社会科学领域的学科研究问题的第一步，而且是化学物质研究的开端。元素周期表就是化学分类思想的典范。从不同的角度对物质及其变化过程进行分类，或者在解决某些问题时将物质及其变化的具体类型归纳出来，这就是用"类"的思想解决化学问题。如此一来，问题的本质就很容易被把握，解决问题的方法和思路也易于被找到。在解决问题时，我们必须建立构造模型的想法。它不仅是对原事物某种形式的体现，而且是对原事物的抽象和概括。模型按照其所依托的学科分为物理模型和数学模型，其中原子、分子以及晶体的结构模型就是典型的物理模型，而浓度平衡常数、分压平衡常数、电离平衡常数等的计算公式则是数学模型。构建模型是研究化学问题的重要方法，通过模型可以直观地描述研究结果，使其易于理解和传播。化学是研究物质变化时最基本和普遍规律的科学，建模可以达到排除环境干扰、突出本质特征的目的，使化学现象或化学过程得到简化、净化和理想化。

  化学的称呼中有一个"化"字，由此可见，变化是化学的重要研究对象。质量互变规律就描述了事物发展中所呈现的过程和状态及其特点。从数量变化开始，到质量变化结束，虽然此时变化持续进行，但事物已改变了原有的特征并成为一种新事物,这是事物通过数量的积累产生的质变。量变是质变的前提,而质变是量变的结果。这种哲学思想在元素周期表中也得到了很好的反映,例如,相同的周期,同一族元素的性质随着原子序数的增加而有规律地变化。此外,它在一些化学反应中得到了很好的体现,如过量的问题、物质的性质和物质的浓度问题等。如果硝酸浓度的变化导致其氧化强度发生改变,则反应产物亦会随之改变。

化学研究多定位于微粒观,原子-分子论是近代化学的基石。宏观物质由不同层次、不同形态的微观粒子构成,如原子、分子、超分子和纳米粒子等。化学是研究泛分子,包括从亚原子到超分子水平物质的科学,并使用简单统一的化学符号来表示不同的粒子及其变化。从宏观变化到微观机制再到象征性表征,"宏观-微观-符号"构成了化学研究的最大特征,同时也帮助我们形成了研究的微观视角。

随着人们对生活品质的要求越来越高,绿色化学的思想在现代化学思想中也占据了一席之地。绿色化学也被称为无害化学、环境友好化学或清洁化学,与此相应的技术被称为绿色技术或环保技术。理想的绿色技术应该使用高选择性的合成反应以及无毒无害的原料来生产目标产品,不产生或极少产生副产物和废物,从而实现或基本上实现废物"零排放"。绿色化学的核心要素之一是原子的"经济性",即尽量使反应物中的每一个原子都物尽其用,因此它可以充分利用资源,防止环境污染。绿色意识表达了人与自然和谐相处的诉求,是人类追求高层次自然完美的表现。

3.3 分子时代

化学的进步一定不仅仅是自己独立门派的发展，它的发展建立在多学科融合的基础上。量子力学在物理学领域的发展促进了量子化学的产生，这是现代化学的理论基础，且量子化学的发展呈现出光明的前景。量子力学在化学中的应用是为了解决复杂化学反应的理论问题。基于简单分子轨道理论，量子化学试图提出一些新概念、新思想和新方法，以便它们可以在更广泛的范围内得到普遍应用，如"前线轨道""等瓣相似"等概念已经显现出重要价值。

除了当代化学中量子化学的发展，合成化学和催化科学也备受关注。随着经济发展水平和人类需求的不断提高，现存的很多物质已经无法满足人类的要求，寻求功能性更好的物质也是化学发展的必然趋势。从1828年德国化学家维勒利用无机物质合成简单的有机尿素开始，到后来维生素B_{12}、红霉素等复杂化合物实现人工合成，合成化学已经有了很大的飞跃，并成为一个系统性和适用性都很强的化学学科。今天的合成化学正朝着"分子设计"的战略目标迈进。所谓"分子设计"，即根据预定的性能要求设计和开发全新类型的分子，并根据科学理论推算合成路径，最后使用先进的工艺和技术实现合成，正如建筑设计中从设计图纸到建筑完工的过程一般。通过这种方式，分子设计可以从根本上改变传统化学研究中"配方烹饪"的落后套路，从而为材料科学开辟新的方向。

那么，化学合成的关键就是为有效控制化学反应性能设计新的反应路径。纵观传统化学研究，其所使用的都是简单的实验仪器，而计算机和精密仪器工程的日新月异，极大地推动了现代分析化学的发展。这种化学研究工具的升级作为环境要素推动了化学大步前进。时代的变迁促进化学研究方式的改变，有学者将这一过程总结如下：第一，从化学分析到物理化学分析；第二，从单个分析到多组件同时分析；第三，从组成分析到结构分析；第四，从常规微量分析到超微量分析；第五，从静态分析到动态分析；第六，从间接分析到直接分析；第七，从近距分析到远距分析；第八，从破坏性分析到保护性分析；第九，从单一手段分析到多功能组合分析；第十，从手动分析到自动分析。从现代分析化学的角度来看，不仅上述各个方面之间是互补的，而且具体的前后两种研究模型之间也可以实现辩证的综合。现代分析化学进化为具有全面功能的分析工具，它既可以适应现代科学研究的大趋势，在微观和宏观方面都大放异彩，也可以全面满足环境化学、生命化学等应用化学前沿开发的需求。

事实上，现代化学的发展更多地受益于相关学科理论的进步和复杂研究工具的创新。红外光谱仪、质谱仪、紫外光谱仪、核磁共振仪、电化学工作站、电子显微镜和拉曼光谱仪等，这些都是现代化学分析中常用的仪器。红外光谱仪是一种利用物质对不同波长红外辐射的吸收特性来分析物质的分子结构和化学组成的仪器。该仪器可以帮助科研人员确定未知样品中存在哪些有机官能团，为确定未知化学结构奠定基础。此外，其定量分析结果也可被进一步运用到化合物的化学反应动力学、晶变、材料拉伸等问题的研究中。与红外光谱仪相比，拉曼光谱仪更常用于化学实验室和光学研究所。它主要用来对物质成分进行判定与确认，可应用于过程控制、质量控制和成分鉴定等工作中。质谱仪是分离和检测同位素的仪器，也就是说，根据带电粒子可以在电磁场中偏转的原理，它可以根据材料原子、分子或分子片段的质量差异来分离和检测物质的组成，这是进行有机和无机化学相关研究的重要仪器。核磁共振仪是我们比较熟悉的仪器，它诞生于 1933 年，多被用于物理、化学的专业研究领域，但直到 1973 年才被用于临床医学。它将人体置于特殊的磁场中，利用射频脉冲激发人体内的氢原子核，使氢原子核共振并吸收能量。在脉冲停止之后，氢原子核释放吸收的能量并以特定的频率发射无线电信号，最后这些信号由外部接收器收集并由电子计算机进行处理以获得图像。电子显微镜是以传统光学显微镜为蓝本利用计算机技术发展而来的，能够做到在光学显微镜的基础上再放大 1000 倍。20 世纪 90 年代，计算机技术被用于分析电子显微镜的图像，人们开始尝试使用电脑控制越来越复杂的透镜系统，这种技术融合也使得电子显微镜的操作越来越简单。而更加清晰、精细和简便的成像技术也为化学的研究奠定了基础。将现代化学研究的基础和最开始的化学研究相比，精细化的研究设备着实推动了化学的跨越式发展。试想，若化学一直停留在试管烧杯时代，则何以衍生出当代的高分子化学呢？

前沿思考

相比于其他学科的"发现"，化学发展到如今的程度，则更多地体现为"创造"，它是一门可以创造新物质的科学。与当代化学结合最紧密的学科非物理与生物莫属，其独立发展的道路越来越窄，甚至可以说已经无路可走了，但在学科融合的基础上却依然存在着无限的可能。从生活点滴的衣食住行到宏观层面的能源、信息、材料、国防、环保、医药等，人类社会的几乎所有方面都和化学息息相关。需求推动发展，化学在人类的发展进程中起着不可或缺的重要作用，试想我们未来的生活，如果有了新药品，是不是就可以战胜那些不治之症？如果有了纯粹的绿色能源，是不是就不用担忧经济发展所带来的环境污染问题？化学很有可能会为我们的生活带来无限可能。

第 4 章
CHAPTER FOUR

科学、技术、工程和管理

人作为会制造和使用工具的万物之灵长，具有认识世界和改造世界的能力。日常生活中，在满足生存需要的基础上，人们也在不断地进行着认识世界和改造世界的活动。其中，科学、技术、工程和管理是人类活动的重要依托，正确界定与理解它们的概念、区别和联系，对研习其他学科领域的知识、认识和挖掘不同学科的理论体系及现实价值具有重大现实意义。从本质上讲，科学、技术和工程三者是不同类型的创造活动，它们不仅遵循各自不同的发展规律，而且体现不同的价值；管理则是人们在实践活动中，为了实现某种特定目标所进行的决策、计划、组织、领导和控制过程，并贯穿于科学研究、技术研发和工程运作之中。中国科学院李伯聪教授在《工程哲学引论——我造物故我在》一书中，突破性地提出了科学、技术和工程的"三元论"思想，打破了人们惯常认为的科学、技术"二元论"。并且，他还提出了科学哲学、技术哲学和工程哲学这三个哲学分支。

"三元论"构建的基础是三者的概念。"科学"这个词来自拉丁语scientia，它继承了希腊语 episteme "知识与学问"的含义。科学是人类在认识世界和改造世界的过程中创造出来的,能够反映物质内部结构、客观世界现象及其运动规律的理论知识。科学理论不仅要符合客观现实,而且要能够指导实践。它对已知的观察和实验活动加以总结,并具有一定的预测能力,能够预测可能在其适用范围内发生的新现象,并通过严格的实验流程验证这一预测。"技术"(technology)一词由希腊文techne和logos组合而成,原意为"工艺和技能"。人们普遍认为,技术侧重于解决"如何做"的问题,它是在科学理论的指导下,通过总结实践经验获得的,并在生产过程中得到广泛应用。技术有经验技术和科学技术之分,经验技术是人们在实践中总结出来的,如钻木取火。科学技术的使用则要基于技术的科学原理,如半导体材料制造技术。"工程"(engineering)一词最早作为一个独立的概念出现于中世纪,用来表示有关兵器和军事装备制造方面的工作,后来扩展到许多领域,如制造机器、架桥修路等。工程着重解决"做什么"的问题。工程是一种人类系统而全面地利用多种科学技术对世界进行大规模改造的活动。因此,工程必须重点考察成本和质量,必须依赖多种科学技术和管理方式的综合集成。

  关于科学、技术和工程之间的差异与联系,诺贝尔物理学奖获得者李政道先生做了一个生动的比喻:基础研究——科学是水,应用研究——技术是鱼,产业开发——工程是鱼市。没有水,就没有鱼,更不会存在鱼市。从这么一个简单易懂的比喻中,我们可以看到,没有基础研究的水,就不可能养出应用研究的鱼;不开发市场,就没有鱼市,人们就无法享受鱼的鲜美。因此,在新领域搞科学研发,这是认识世界层面的问题;技术创新和工程管理需要立竿见影的效果,这是改造世界层面的问题。从三者的成就来看,科学成果的主要形式为科学概念、科学规律和科学理论等,体现在论文或作品中,是全人类的共同财富，属于"公共知识"；技术成果的主要形式多表现为专利、图纸和配方等，在一定时期内属于"私有知识"；工程成果的主要形式是物质性的产品和设施等，属于"某个特定主体"（图4-1）。

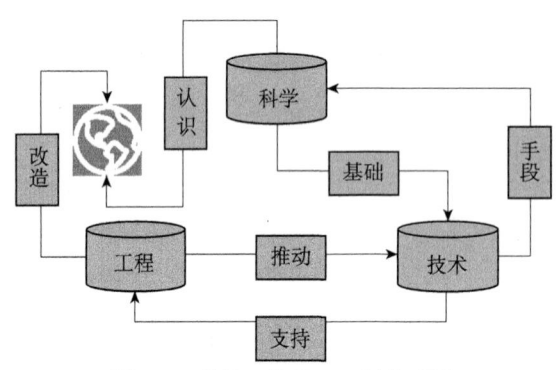

图4-1 科学、技术、工程关系图

首先，需要从两个方面考虑科学与技术之间的关系。一方面，"科学是技术的基础"。麦克斯韦将电磁学整个学科进行了总结，并提出麦克斯韦方程，这些归纳出来的科学成果可以实现电磁波通信，诸如电视、电话、手机等所有通信技术的实现都来自麦克斯韦方程的理论基础。因此，没有科学上的真正突破，就没有技术。今天我们可以制造火箭和卫星，依靠的都是牛顿经典力学理论来计算轨道、设计各种作用力等。另一方面，"技术是科学研究的手段"。科学研究中首先被推广使用的是通用技术，即广泛用于各种领域的技术，如测量技术、数据处理技术和计算技术等。技术作为辅助手段，虽然不是科学研究的本质基础，但同样能够推动科学的进步。此外，技术中经验的部分与科学，从严格意义上来讲，二者不能合二为一。从第一个方面来阐释，"科学技术"可以被理解为"基于科学知识的技术"；从第二个方面来阐释，"科学技术"可被理解为"科学研究中运用的技术"。

其次，技术与工程的关系也需要分两个方面考虑：第一是工程开发推动技术发展，第二是技术进步支持工程实施。也就是说，有了技术的"怎么做"，才会有工程的"做什么"。但是，有些工程所需的技术可能在当时是空白的，需要相关领域的技术攻关。例如，高原冻土层上的青藏铁路工程建设，该项目的关键技术是保护冻土路基。当时，国家投入了大量的人力、物力和财力，开展了冻土路基防护技术的专项研究，最终成功地保证了青藏铁路工程的顺利完工。此类工程建设有力地推动了中国的技术进步。其中，特别值得一提的是探月工程和大陆科学钻探工程等大型科学工程。因为这些项目的实施需要许多不够成熟甚至不存在的新技术，所以在促进技术进步方面能够发挥重要作用。此外，技术若是脱离了实际工程，则其本身不存在明确目的，只有在使用过程中才会产生目的。因此，一方面，"工程技术"可以被理解为"工程中使用的技术"；另一方面，也可以被理解为"通过工程培养的技术"。但是，被理解为"工程和技术"是不行的，因为两者不是同一类名词。

最后，科学与工程之间也存在着密切的联系。科学研究是了解世界，而工程建设则是改造世界。因此，两者的关系正是认识世界和改造世界的关系。未能实现项目的预期目标往往意味着失败，而项目的失败往往根源于科学知识的不足。项目必须基于科学认识，而真正科学的认识只能来自工程实践。由于国内外竞争的需要，现代工业必须以越来越高的速度发展，这就要求必须夯实研究工作基础，并在最短的时间内将基础科学的最新发现和最新成果纳入工程实践的范畴。在对快速投产能力的例证中，没有任何案例比战时雷达与核能的发展更加突出和明确了，两者的研制和快速投产为盟军在第二次世界大战中的最终胜利做出了重要贡献。在短短几年时间内，激烈的战争促使科学家通过实用工程将基础物理学的新发现转化为战争机器。

4.1　今日的基础科学

1992年6月5日，诺贝尔物理学奖获得者李政道先生在清华大学做了题为"没有今日的基础科学就没有明日的科技应用"的演讲。基础学科就是研究现实生活背后的基本原理，这些成果即为科学。那么，到底什么是科学呢？这要从"李约瑟难题"说起。李约瑟是英国历史学家，他在《中国科学技术史》一书里写道："尽管中国古代对人类科技发展做出了很多重要贡献，但为什么科学和工业革命没有在近代的中国发生？"在中国古代，有诸如"四大发明"等之类的很好的技术，但李约瑟认为这不是科学，仅仅只是技术，技术背后的真理才是科学，如经典力学三大定律、狭义相对论、量子力学和各种生物定律等。

那么，基础研究有什么用？经常会有这样的问题。明代徐光启曾回答："无用之用，众用之基。"法拉第也曾回答："问基础研究有什么用就好像问一个初生的婴儿有什么用。"因此，基础研究的"用"就体现为它在人类文明发展进程中无处不在的渗透和支撑上，耳机、计算机、手机等这些和现代人生活息息相关的技术都源自基础研究的"用"，都是基础研究成果的实际应用。基础研究不像应用研究那样有明确的目的性，很多基础研究是在后续很长一段时间内才被使用的。

目前的科学体系主要分为自然科学和社会科学，二者之所以被称为科学，首先来自普遍的认同。科学的真正含义在于为各个领域的研究工作寻找切实可行的解决方案。如果大家认同这种方法，那么它就具有可学习性，而运用这种方法的研究也就被称为科学研究。有了这个标准，就可以区分科学和伪科学。人们日益积累的知识储备使得现有的科学研究越来越难以继续满足人们的好奇心。而满足好奇心正是科学研究的第二个真正含义，所谓的科学现在正在悄然发生变化。满足人们好奇心的程度已经在某种意义上成为区分科学真伪的标准。

由于每个人都是社会人，因此社会科学中的许多理论很难得到大家的一致认可。自然科学研究相比于社会科学更具科学性，因为自然科学研究方法更复杂、人为因素更少、拥有可重复性，所以每个人都认为它是科学的。此外，虽然大多数社会科学也是基于唯物主义的，但是社会科学的很大一部分是"建构的"。社会科学的内容，如经济学、社会学和人类学，并不完全是物质的。人们通过研究和创造知识，来建立组织、制度、习俗等，从而影响人类的行为。为此，人类行为很大一部分是先验知识的建构，因此其中表现出了规律性。故而从这个层面也可以这么表达：社会中的个体人为地创造了社会科学的规律。就此可以得出结论：社会科学研究的真正含义是建立科学知识并形成共识，它与知识累积量的增加或对知识认同感的转变密切相关，有时甚至和原认知南辕北辙。提出"共识"是非常困难的，因为人们是在以不同的方式接受或吸收知识。

物理学、天文学和数学等基础科研工作的重要性主要体现在两个方面：一方面，基础学科的科研成果往往会成为一些重大技术突破的基石。例如，19世纪30年代，英国科学家法拉第发现了电磁感应现象，并于1831年研发出世界上第一台发电机。在法拉第的电磁理论的基础上，英国科学家麦克斯韦将数学方法引入这项研究中，预测了电磁波的存在。19世纪60年代，麦克斯韦的电磁理论造就了当今的电力系统和无线通信技术。1895年，后来的诺贝尔物理学奖获得者、意大利电气工程师伽利尔摩·马可尼发明了世界上第一个实际可用的无线电报系统，这一里程碑式的发明将人类带入了无线电通信时代。20世纪50年代，沃森和克里克发现了DNA双螺旋结构模型，开启了分子生物学的时代，并拉开了"生命之谜"的探索大幕，这使得生物工程和生物技术不断突破与发展。另一方面，基础研究工作经常发挥"养兵千日、用兵一时"的作用。例如，动植物分类、小语种研究以及宗教与历史研究在检验检疫工作、国际仲裁、阿富汗危机研究和判断中发挥了独特作用。在冠状病毒等流行病毒的基础研究中，中国受到竞争性研究资助体系的影响，病毒基础理论研究的财力、物力支持缺乏稳定性和充足性，相关研究学者纷纷转到其他热门领域。当严重急性呼吸综合征（severe acute respiratory syndrome, SARS）爆发时再研究SARS为时已晚。

世界历史的发展趋势表明，未来的可持续发展必须依靠科学。以美国为例，美国科学的真正崛起是在第二次世界大战之后。那个时候，人们一般都是出于好奇来研究自然。但1783年美国独立战争胜利之后，由于经济发展的需要，它反而呈现出极强的目的性，那时对应用科学的重视取代了基础科学，美国在接下来相当长的一段时间内对于基础科学基本毫无建树。在第二次世界大战期间，许多科学家在战争中被迫从欧洲移民到美洲，而最终战争胜利所仰仗的竟是基础科学和基础科学带来的技术与工程。整个美国忽然意识到基础科学是有用的，它可以赢得战争。因此自那时起，美国开始重视基础科学研究，并且其优势一直保持到现在。

美国科学史上有这样一则趣闻，一个大型强子对撞机研究项目需要资金支持，为此项目负责人向政府申请了十亿美元的拨款，国会要求他参加听证会。议员质问："这一项目现在有什么实际用处？"项目负责人的回答是："从目前已知的技术来看，绝对没有实际用处。"议员又问："那么有什么理由花十亿美元去做呢？"这位负责人回答："因为我们想知道，其实你们也想知道，只是你们不知道你们想知道。"虽然最后申请失败了，但是这个回答却值得载入史册。大多数基础科学研究并非都是受实际技术需求驱动的。因为既然是未知的东西，谁又能预测它的应用呢？人类的强烈好奇心和天生对秩序、逻辑、知识的热爱的驱使，推动了整个科学体系的前进。若将科学比作一片美丽的神秘森林，则技术只是沿途采摘的水果。知识本身不仅可以应用，还可以扩展和改变人的视野以及看待整个世界的方法，从根本上使我们生活的世界更加广泛和美好。

反观中国的科学进程，我国社会的科学意识和成果发展都有些缓慢与滞后。中国系统引进西学是在1840年鸦片战争以后，动机是魏源在《海国图志》中提出的"师夷之长技以制夷"。所以第一代出国留学生修习造船和兵器者居多，但后来发现这些想要学习的"坚船利炮"知识并非孤立的，而是基于一整套理论体系的。这套体系最初被译为"格致学"，19世纪末被正式命名为"物理学"。这是在当时特殊的时代背景下诞生的科学概念，特指在近代西方发展起来的自然科学，既不包含西方的人文科学，也不指涉古希腊的纯理性科学。在汉语使用中，科学与技术往往被放在一起合称"科学技术"或"科技"。

当前，对我国基础科学研究的关注依然亟待提升。在基础研究、应用研究和技术开发三大研究活动中，世界各国都有适当的资金比例。根据《2014美国科学与工程指标》的统计数据，在美国、中国、日本、韩国、法国和英国六国中，2011年按购买力评估的基础研究投入及其占总投入的比例表明，中国的总投资额排名第二，英国、法国、美国等发达国家基础研究投资占总投资的比例约为20%，而中国仅为4.7%。2012年中国的研发经费支出为1029.84亿元。其中，基础研究、应用研究和技术开发分别占4.8%、11.3%和83.9%。基础研究投入差距仍然很大。我们必须充分认识到基础研究的价值，逐步加大对基础研究的支持和投入力度，并充分考虑到应用研究和技术开发对其的"挤压效应"。中国的经济产业现在已经到了产品工艺相对成熟的阶段，在此基础上若不对研发投入的经费比例进行合理调整，很难出现颠覆性的创新。而想要在世界舞台独树一帜，则必须高度创新，这必将与中国未来的科学发展密切相关。

4.2 明日的科技应用

只有今天的基础研究成果才能开创明天的技术应用，而技术的应用更多地表现在工程领域。根据研究，工程活动的历史可以追溯到公元前3000年左右，当时的古巴比伦军事工程就已经相当精细，而工程活动的专业化要推至文艺复兴时期。18世纪，拿破仑建立了承认工程学位的技术学校，并亲自授予其校徽和校旗。19世纪初，工程项目逐渐从军用转向民用，工程分工随之而来，机械工程、采矿工程、冶金工程等也相继出现。1818年，英国土木工程师学会的成立标志着工匠和工程师在职业上的正式分离以及现代工程师的出现。最早使用和使用最为广泛的工程定义是："管理自然的力量，提供人类使用和方便的手段。"几乎在同一时间，基础性自然科学蓬勃发展，并在19世纪中期引发了第二次工业革命，其间在工程领域取得了前所未有的进步。电气工程一马当先地成为一个成熟的专业工程领域，冶金工程、化学工程、农业工程和航空工程也紧随其后，纷至沓来。在这个过程中，应用科学的出现为项目的整体发展创造了新的世界图景。第二次世界大战期间和战争结束后，与战争密切相关的项目迅速发展，军事工程迅速民用化以及自然科学的最新成果促使了许多新项目、新工程的出现，如核能工程、生物工程和信息工程等。这个时期的工程主要有两个特点：其一，现代工程始终以自然科学为基础，在科学理论的指导下出现并开始发展；其二，现代工程更多地依赖于新兴技术，工程的系统性、复杂性和社会性与日俱增。

工程活动内容包括一个对象、两个手段和三个阶段。"一个对象"是指被改造的对象，例如水利工程中的河流、采矿项目中的矿藏、农业工程中的一种动植物、冶金工程中的铜和铁等原料。另外，它还可表示改造后获得的成品，如水利工程中的大坝、机电工程中的数控机床和工艺流程以及生态工程中的环境改善情况等。"两个手段"则是指技术手段和管理手段。技术手段是指在工程建设中，所有使用到的一切技术工具、流程和方法；管理手段主要由行政手段、经济手段和法律手段等部分组成。"三个阶段"是指：第一阶段——策划，包括一系列初步工作，如可行性研究、规划、设计、调查和勘测等；第二阶段——实施，包括关于项目本身的具体建设和制造等；第三阶段——使用，包括工程的验收、使用和跟踪维护等，这就需要工程在其他领域发挥作用。

其中，工程活动的主体是实施阶段。工程的建成基于技术，而技术最早来源于经验。但是，当技术发展到一定程度时，经验本身已不能更进一步地促进技术的发展，此时必须依靠科学。技术只能在科学的基础上更新与创造新手段和新方法，促进技术进步。另外，无论是经验技术还是科学技术，都必须由人来实现，所以即使是在现代技术中也不能排除人的经验。

为了更清楚地了解科技的具体应用，在此以都江堰为例做介绍。都江堰位于成都市西北约50千米处的岷江之上，是一个大型水利工程，2000多年来一直发挥着防洪灌溉的作用。由于都江堰的存在，成都平原数千年来都是以水旱从人、土地肥沃著称的"天府之国"。至今，它的土地灌溉面积已达近千万亩[①]，覆盖30余个市县。它不仅是迄今世界上唯一留存的仍在使用的最古老水利工程，而且也是世界上最长的以无坝引水为特征的水利枢纽。

都江堰项目所遵循的科学原则是项目能够实现2000多年正常运营的根本保证，即使在今天，如果项目失去了科学原理的支持，那么也很难逃脱湮灭的结局。此外，都江堰的设计和维护也体现了工程的系统性。该项目注重各部分之间以及工程与环境之间的互联互通，从自然地形的使用到鱼嘴的分流分沙作用，从飞沙堰的泄洪排沙到宝瓶口的引水功能，这些都是整个都江堰工程系统运行不可或缺的组成部分。一个有机的整体才具有强大的生命力、协调性和可持续性。都江堰的工程选址涉及各种地质学原理；相关的移民问题涉及社会学和管理学的原则与方法；坝体的设计牵涉建筑学、流体力学等方面的原理和技术。在项目的影响下，成都平原成功战胜了频繁的旱涝灾害，这些复杂问题在普遍理论的指导下得到了解决，于是将基础科学理论与技术的造物活动有机结合在一起就实现了"创造出一个世界上原本就不曾存在的存在物"。

都江堰工程符合现代水利技术的原则，主体工程分为三部分：鱼嘴、宝瓶口和飞沙堰。其位置、结构、大小、方向等方面的施工安排与岷江的水文特征、周边的地理环境以及上游条件相结合，形成有机的、完美的整体，巧夺天工地一次性完成了引水、分水、排洪、排沙等任务。在都江堰段，悬浮泥沙基本上是冲泻质，沉积问题主要来自汛期的鹅卵石。在非汛期，鹅卵石难以移动，沉积物多为非常小的泥质和沙质，因此内河中的沉积物不多；在汛期，主流从外河排出，这就自然而然地携带着大量鹅卵石滚滚向前。此外，内江进口位于河流

[①] 1亩≈0.07公顷。——编者注

的凹岸一侧，无数的鹅卵石在前进过程中受弯道环流影响沿凸岸一侧被推至外江。进入内江的鹅卵石输移量根据实测数据分析仅占岷江总量的 26% 左右。总结历史上的水利管理经验，都江堰水利工程平稳运行 2000 多年的科学基础包括三个方面：首先，与自然和谐相处，即"利用形势，适应时代"。其次，合理分工，各司其职。"鱼嘴"工程负责调节水流，"宝瓶口"工程负责控制流量，"飞沙堰"工程负责泄洪排沙。最后，可持续管理。朝代更迭，但几乎历朝历代都坚持对于都江堰的岁修制度，按照科学措施进行维护。

4.3 人类进步的阶梯

源自经济社会发展重大需求的应用性基础研究，极大地推动了科学、技术、工程三者之间以及科技与经济社会发展两者之间的相互衔接、相互促进，这些要素内在的统一与协调已成为现代科学发展的一大基本特征。从科技革命的全球发展进程来看，一系列重大科学发现和技术变革从根本上改变了人类的生产、生活方式，极大地解放和发展了社会生产力。与此同时，每项具有历史意义的科学发现往往都成为后来重大技术突破的基础。而每次技术革命都基于一定的科学理论，因此反过来也会影响和推动新的科学理论的探索与发现。

人类的文明到底是被什么样的力量推动着呢？是科学还是技术？有人说瓦特的蒸汽机引发了工业革命，也有人说爱迪生的白炽灯为世界的夜带来了光明，还有人说互联网是历史发展的推手。那么，爱迪生是一位科学家还是应该被划归到工程师的队伍呢？比较准确的说法是：他是一位卓越的工程师和发明家。但今天火箭和卫星的上天所依靠的却不是爱迪生及他的发明，而是最基础的力学三大定律，并且其他先进的技术背后同样有着一个非常深刻的真相——基础科学永远是人类发展的基石。当然，我们不能否认我们需要非常优秀的工程师和发明家进行大量的创新工作，其所赖以为生的专业技术同样无可比拟。一方面，技术使科学成果用之于民、造福社会；另一方面，技术可以反过来促进新的科学发现。比如，计算机技术和互联网技术的发展促成了如今大数据处理技术的广泛使用，对数据本身的研究在带来新的科学理论的同时，也可能带来新的挑战。但这并不意味着可以忽视科学在技术背后的重要支撑作用。

回顾科学发展史：哥白尼的日心说推翻了"地球是宇宙中心"的观念，达尔文的进化理论推翻了"神创论"和物种不变说，门捷列夫的化学元素周期表使人类能够更深入地了解物质世界，施莱登和施旺的细胞学说不仅推动了生物学的发展，也为辩证唯物主义提供了重要的自然科学基础。基础研究所取得的重大突破和重大发现，不仅可以直接促进技术进步，而且可以为人类文明做出积极的贡献。它不仅能够大大提高本国国民的民族自豪感，而且能够大大提高这个国家在国际大家庭中的地位和影响力。

人类通过科学和技术解放了生产力，通过工程项目发展了生产力。技术可以直接影响国计民生，依靠技术和工程在短期内没有问题，但长此以往就只能永远望他人之项背了。作为一个大国，从长远来看，中国必须冷静下来，发展科学，特别是基础科学理论。基础科学已经成为人类文明中非常重要的组成部分。但与此同时，科学又是一把双刃剑，核物理就是典型的例子，它是科学技术发展的产物，为我们的生产、生活带来了诸多便利，但因为它，几十亿人头顶上都笼罩着核威胁的阴霾。核武器带来的不仅仅是有关人性悖逆的问题，而且它的存在严重威胁到了人类的生命安全及其生存环境。科学技术发展带来的问题很多，高楼耸立、道路拥挤、森林消失、重度雾霾，我们赖以生存的家园渐渐失去了该有的色彩。科技在让我们的生活变得便利的同时也带来了问题，对此我们需要反思：迅速发展的科学技术到底带给了我们什么，而我们又该如何面对这高速的转变节奏。

随着社会化进程的加快，科学技术不断促进生产力的提高，也促使管理者与生产劳动分离，形成独立的社会阶层。在这种情况下，管理方法变得越来越重要，管理活动已经发展成为一项高度复杂的社会工作，结合了知识、经验、人才和组织技能。生产力是人们在将生产资料作用于劳动对象时出现的生产物质资料的能力。在当今的信息时代和知识经济时代，人们通过各种管理方法和手段不断地对各个生产力要素施加影响。在现代社会中，科学技术，特别是科学管理技术在生产中的作用日渐增大。在传统生产过程中，生产过程简单，管理因素的影响较小；在现代生产过程中，过去的旧经验不再能够应付日益复杂的组织、技术、产品和生产过程。这个时代要求科学管理，不仅要求企业更新管理观念，更要求政府变革管理机制，吸纳高水平管理人才。只有先进的科学管理水平，才能实现劳动者、劳动对象和劳动资料的有机结合，才能最大限度地提高生产能力，将其由潜在生产力转变为现实生产力。适当的管理组织和科学管理活动是将各个生产力实质要素动态而有机地结合。管理活动通过规划、组织、决策、控制等方式，掌握和协调生产过程的各个方面，确保要素以适当的比例组合，实现每个要素的最佳配置、协调运作，最后获得最佳经济效益。

目前，世界已进入大数据时代。在新一轮的技术革命和产业转型中，大数据与各个领域的整合具有广阔的前景和无限的潜力。它已成为一个不可抗拒的时代潮流，正在对所有国家的经济与社会发展产生战略性和整体性影响。"数据是战略资源"已成为各国的共识，国际竞争的重点领域从土地、劳动力、能源转向大数据的搜集、处理和运用。大数据概念的出现颠覆了各国之间传统的竞争模式和资源分配方式。在当今的数字化时代，大数据是最新型的战略资源，它在国家治理和社会发展中发挥着巨大作用。各国已开始制订相关的大数据战略计划，以确保自身在国际竞争中保持优势。中国国内的互联网企业在大数据搜集、管理和应用方面发展较快，国内的互联网"三巨头"（百度、阿里巴巴、腾讯）已经通过诸多大数据产品，不断实现营业利润的增长。《中共中央关于全面深化改革若干重大问题的决定》中指出，"整合科技规划和资源，完善政府对基础性、战略性、前沿性科学研究和共性技术研究的支持机制"，这为中国在大数据时代实现科技水平的弯道超车提供了宏观政策支持和重要制度保障。

前沿思考

本章从科学、技术、工程和管理四个概念的划分与界定入手，介绍了李伯聪的"三元论"。"三元论"解释了科学、技术、工程之间的差异和联系。科学理论研究是技术开发和工程建造的基础指导要素，是认识世界层面的问题，技术和工程是通过实际性操作改善人类的生活环境的，是改造世界层面的问题。没有今天对基础科学的深入研究，就没有明天的技术进步和工程革新。与此同时，一系列重大科学发现和深刻的技术变革，从根本上改变了人们的生活和生产方式，极大地解放和发展了社会生产力。目前，新一轮的全球科技革命和产业转型方兴未艾，技术创新仍处于持续加速中，各种高精尖技术深度融合，广泛渗透到了人类社会的各个方面，成为重塑世界、创造未来的主导力量。颠覆性技术相继出现，将导致生产行业发生重大变化，成为社会生产力新跨越的突破口。作为全球投资最集中的领域，信息网络、生物技术、清洁能源、新材料和先进制造业正在孕育着一系列具有重大产业转型前景的颠覆性技术。科学技术更加以人为本，绿色、健康、智能已成为科技创新的关键方向。未来的技术将更加注重保护和恢复生态环境，并致力于研究和开发低能耗、高性能的绿色技术与产品。在高新产业不断更迭的今天，"互联网＋"模式蓬勃发展，将彻底改变人类的生产、生活环境和生活方式。新一代信息技术的发展、无线传输和无线充电等技术的实际应用，都为全领域"互联网＋"的实现提供了丰富而有效的工具和平台。正如雨果所说的："已经创造出来的东西比起有待创造的东西来说，是微不足道的。"科学创新将永无止境，技术创新的未来将令人兴奋，工程创新的明天将日新月异。

第 5 章
CHAPTER FIVE

传统生物学与现代生命科学

长期以来,生命的存在一直被认为是地球的一个独有特点,对于地球上各种生命的研究也一直是生物学的核心。与所有基础性学科一样,生物学的发展也是一个从无到有、由浅入深的过程,依次经历了学科萌芽、古代生物学、近代生物学和现代生物学(生命科学)等时期。生物学的萌芽出现于约 300 万年前人类产生到约 4000 年前阶级社会产生这么一个漫长的时期。那时,鸿蒙初辟,人类文明处于石器时代,原始人类从只依靠茹毛饮血、野外狩猎发展为开始种植植物、饲养动物。同时,一代又一代的经验和传承使得先祖们逐渐掌握了原始的医疗技能,这为生物学的第一次进阶奠定了基础。

从奴隶社会到封建社会晚期所持续的几千年时间被称为铁器时代。在这段时期,随着生产力的发展,最早的农牧业和医学已经出现,而更加微观的植物学、动物学和解剖学此时从事的工作仍是事实和经验的收集,那些被整理出来的经验资料,被后世称为古代生物学。古代生物学以古希腊为中心,在自由思想的熏陶下诞生了很多后来各个学科的奠基人和先驱者,在生物学领域以亚里士多德和盖伦最为著名,他们的学说统治了学术界大约1000年。前者的形态学和分类学思想福泽后辈，而后者的解剖学和生理学理论被看作相关学科发展的决定性基础。同一时期的中国古代生物学也较为繁荣，但仅仅专注于农学和内科医学，如先秦时代的《神农本草经》《黄帝内经》、汉代的《伤寒杂病论》以及唐代的《千金方》等。

进入15世纪之后，生物学逐渐向近代生物学发展和过渡。15世纪下半叶到18世纪末是近代生物学的第一个发展阶段。主要研究成果有维萨里等人的解剖学、哈维的生理学、林奈的分类学和拉马克等人的进化论等。19世纪，自然科学进入了一个全盛时期，这也是近代生物学发展的第二个阶段，在此期间发现了细胞、创建了达尔文的生物进化理论以及引入了孟德尔遗传学。巴斯德和科赫等人为微生物学奠定了科学基础，这极大地影响了当时工业、农业和医药业的发展。此外，建立于17世纪的动物生理学也在这一时期取得了显著进步，代表人物有弥勒、巴甫洛夫、谢切诺夫和杜布瓦雷蒙等。而植物生理学在理论上的系统化则要归功于季米里亚捷夫、普费弗和萨克斯等人的努力。

20世纪，生物学也迈入现代生物学（生命科学）的范畴，标志性事件为孟德尔主义的重大发现。从那时起，遗传学在理论（主要是生物进化）和实践（主要是植物育种）方面都取得了深入发展。与此同时，在生物学理论研究中，由于数学、物理、化学思想和工具的渗透以及许多新研究方法的应用，生物物理学和生物数学等一些新的边缘学科应运而生。20世纪50年代中期，由于沃森和克里克的努力，分子生物学诞生了。随着分子生物学和分子遗传学的发展以及形态学研究的深入，细胞学也进入了分子水平，细胞生物学随之横空出世。20世纪，生态学蓬勃发展，其研究已从单一族群扩展到整个生态系统，包括对各类生态系统的全方位调查和对世界"生物圈"的研究。它与地球科学、环境科学、社会科学的结合对生产活动,乃至整个人类社会都产生了重大影响。另外,人们越来越意识到神经系统,特别是大脑研究对生物学和人类发展的影响,因此神经生物学问世。20世纪的进化研究也取得了重大突破,重点是揭示了进化机制和微观规律。简言之,现代生物学正在向着微观、学科纵深和多学科交叉融合的方向深化与发展。从微观角度来看,现代生物学从细胞层面发展到了分子层面;从宏观角度讲,现代生命科学正在尝试利用生物学理论解决全球性问题。

5.1 人是怎么来的

生命的诞生是科学界永恒的话题,就像孩提时代的我们经常追问父母我们来自哪里一样。妈妈会告诉我们,我们是从妈妈的肚子里出来的。那妈妈是从哪里来的,妈妈是从外婆的肚子里来的,那外婆是从哪来的……如此循环往复地问最终归为:第一个人是从哪来的?于是乎父母会给我们讲一个神话故事——女娲造人。《山海经》中记载了在上古时期,天吴、毕方、据比、竖亥、烛(九)阴、女娲这六个创世神运用自己的技能,相互配合,共同努力使这个世界有效、正常地运行。前五大创世神使世界有了基本的样子,世界变得规矩,然而在这样一个空荡荡的空间里,似乎缺少了些活力,于是第六个创世神——女娲便出现了。

有国名曰淑士,颛顼之子。有神十人,名曰女娲之肠,化为神,处栗广之野,横道而处。有人名曰石夷,来风曰韦,处西北隅,以司日月之长短。

虽然在《山海经》中未明确提及女娲用泥巴造人之说,但随着历史的发展，后期的传说以此为基础将女娲造人点明了。在上段中，由女娲自己的肠子变来的十个神人守护在其身边，保卫女娲娘娘，这间接指出了人类是被女娲创造出来的。

于是在孩童时期，我们认为自己就是这么来的。但是随着年龄的增长，我们会发现关于"人类是怎么来的"这个问题并非如此，它背后包含着很多科学知识，而这就是生命科学所要研究的问题。

谈到生命科学不得不回顾它的起源，其起源与生物学是有差别的，但进程有所重叠。目前，人们普遍认为，现代生命科学体系始建于16世纪，人们对生命现象的研究植根于观察和实验之上。随着研究的不断深入和细化，生物分支学科相继建立，一个庞大的生命科学体系慢慢呈现出其雄伟的轮廓。现代生命科学的建立离不开当初形态学的创立和发展。16世纪40年代，比利时医生维萨里的名著《人体构造》公开出版，这不仅标志着解剖学的建立，而且直接促进了其生理学分支的形成。之后，英国医生哈维出版了《心血运动论》，标志着生理学的正式建立。这些分支学科的建立为全面研究生命现象奠定了基础。

18世纪以后，随着自然科学的全面发展，生命科学迎来了明媚的春天。生命科学以细胞学、进化论和遗传学为代表的重要分支先后建立，构成了现代生命科学的基石。解剖学和细胞学已经在生物发育现象的研究和实验胚胎学的建立方面取得了重大进展。遗传学的研究预测了生物遗传载体分子的存在，DNA双螺旋结构的发现直接导致了生物DNA-RNA-蛋白质（脱氧核糖核酸-核糖核酸-蛋白质）中心法则的发现。至此，人类已经触及了生命运作的基础框架和生命更迭的内在规律。以基因的组成、表达和遗传控制为核心的分子生物学思想迅速渗透到生命科学研究工作的各个具体领域，极大地促进了生命科学的发展。

生命科学理论以客观的方式解读了从小困扰我们的那个问题。简单来说，我们是由一个细胞发展而成的，但第一个人是怎样来的呢？进化论告诉我们：人类是由古猿进化而来。在弄清楚人类的起源之后，我们的欲望就深入了现代生命的内部构成与发展的机理。解密生命对于现代生命科学的研究来说已经达到了一定的高度，甚至现代生命科学研究的技术可以实现"造命"。然而，虽然技术不断发展，但这些目标其实不能真正实现，对于生命科学而言，似乎伦理对它的约束更多。

科学是一种实证的知识系统，研究对象是客观世界，因此发现的规律也应是客观的。但是在认知"真"的过程中，不能忽视伦理道德。道德是规范性的，它所追求的"善"也是社会发展的必要因素。

但在正视科学技术高速发展与伦理约束之间矛盾的同时，也必须肯定现代生命科学的发展从某种程度上改变了人类的生活。第一，基因科学及其在疾病诊断和治疗中的应用给人类带来新的希望，对于遗传性疾病可以应用基因科学对其进行根治。第二，生命科学可以实现器官的重建和组织的修复，病变器官就可以通过这种途径得到恢复。第三，干细胞移植为延长生命、恢复健康带来希望。第四，通过对生物能源的开发利用，彻底解决能源危机。例如，通过基因技术或杂交技术提高粮食产量和改善农作物品质等。第五，它也使得以前只有在神话小说中才能听到的场景变成现实，现代生命科学的发展使得大脑移植不再是遥不可及的梦。

如今的生命科学甚至可以实现用化学物质创造生命。2010年5月20日，美国科学家克雷格·文特尔宣布人工生命研究取得重大突破。文特尔用"四瓶化学物质"为其"人造细胞"设计了染色体，然后将遗传信息植入另一个改良的细菌细胞中。该细胞由合成基因组控制，具有自我复制的能力。对于这一突破，从纯科学的角度来看，它无疑是一项重大的科学进步。然而，这项研究的社会意义还要从哲学和伦理的角度考察与评估。想象一下，如果人类脱离了生物繁衍的自然规律，那么生命的真正意义何在？它又将会给我们带来怎样无法预料的灾难性后果？生命的最高原则将无从谈起，人类的道德底线或许终将崩溃。类似的生命科学研究问题还在不断涌现，例如，人类胚胎干细胞研究带来的尴尬，基因组计划的利弊，器官移植的潜在危害，生殖技术与代孕的窘境，以及安乐死的实行是否可以自我决定，等等。科学发展的最终目的应该是造福于人类，所以生命科学的发展应该也是以此为前提而展开的。

5.2 DNA

DNA 的发现是破译生命密码的基础，20 世纪 90 年代的人类基因组计划（human genome project, HGP）被誉为生命科学领域的"登月计划"。当时，来自美国、英国、法国、德国、日本和中国的科学家参与了这项预算为 30 亿美元的人类基因组计划。它揭示了构成人类个体的约 25 000 个基因的 30 亿个碱基对的秘密，绘制出了人类的基因图谱。首先，对于治疗以人类为载体的疾病具有重要意义，可以通过获得关于人类基因组的结构和功能的完整性的信息，对特定疾病进行有效诊断。其次，对于疾病预防具有重要参考价值，从 DNA 中可以获取个体易感病基因，运用到实践中可以减少个体染病的风险源。最后，对生物技术的发展做出了突出贡献，DNA 技术极大地促进了药物和疫苗的开发与投产。

对 DNA 的深刻认知着实推动了生命科学的向前迈进，这得益于剑桥大学的詹姆斯·沃森和弗朗西斯·克里克，两位科学家于 1953 年 2

月28日中午联合宣布他们发现了DNA是由两条核苷酸链组成的双螺旋。1962年，他们获得诺贝尔生理学或医学奖，而这一发现与相对论及量子力学一起被誉为20世纪三项最重要的科学发现，它将生物学研究引入分子层面。2012年，詹姆斯·沃森被美国《时代》杂志评为美国历史上20位最具影响力的人物之一。这么一个神奇的人物究竟是如何发现DNA的呢？他曾经介绍过，发现始于一本书的书评，那是一本关于物理学家薛定谔生平的著作，名为"生命是什么"。当时的作者认为信息是生命的精髓，而这些信息蕴藏于染色体中，且必须由一个分子来承载，正是"分子是信息的载体"这一概念给沃森带来了灵感。此时的沃森立志要成为一名遗传学家，并通过基因来理解生命。之后便开始了漫长的求学之旅，但在学习生物化学时，他发现这个学科相当无聊，而且距离DNA的研究本质十分遥远。直到后来，他在意大利的一次学术会议上遇到了物理学家莫里斯·威尔金斯。他对DNA已经做了很多研究，认定其是最有可能的遗传物质，并拿出了一张DNA的X光片，上面的图像好似一簇美丽的晶体。就在沃森寻求合作之时，其却由于放射学门外汉的身份而被婉拒了。之后沃森奔赴射线晶体学研究的殿堂——剑桥大学，在那里他结识了克里克，此时的沃森只是一个23岁的小伙子。一天之内两人就达成共识，用一条捷径来破解DNA的结构。在看了那个X光片后，他们觉得DNA应该是个螺旋结构，于是就开始构建三股螺旋结构，但威尔金斯和他的团队看过构建好的结构模型后却嗤之以鼻，并且告诉他们不要再造模型了，认为他们没有这个能力。此后，沃森和克里克就真的没有继续研究模型，而是一个读书，一个研究蛋白质。之后，有一位名叫鲍林的学者一直在研究DNA，这让沃森开始有些着急。但看过他的论文后，沃森认为这位名家是在胡说八道。随后，他们又开始了DNA的研究工作，沃森用自己仅有的化学知识画出了配比图，后经过化学专业人士的指点修改了氢原子的位置，之后他发现了碱基之间的配搭组合。而克里克也立即意识到这条双螺旋中的链条是以绝对方向延伸的。他们进而发现，如果把 A 碱基和 T 碱基放在一起、G 碱基和 C 碱基放在一起，有可能实现 DNA 复制，自此总算弄清楚了基因信息，这是由四个碱基的顺序决定的。从另一种角度看，这也算是一种数码信息。当时他们认为只要把两股螺旋分开，就可以开始复制，虽然这没有被证实，但是他们对此有充分信心。他们不像那些其他的一些科学家那样，只相信被实验证明的结论。

然而，这个理论并没有得到广泛的认可，随后他们就要弄清楚这些基因信息到底是用来做什么的。这些信息是怎样从 DNA 传达到蛋白质的呢？随后沃森研究了三年，却一无所获，DNA 的 X 光片毫无价值。手足无措之时，他组建了一个名为"RNA 领带俱乐部"的小团体，团队所要研究的核心就是由 4 个字母组成的 DNA 密码是如何转变为由 20 个字母组成的蛋白质的。在心爱的女人离他而去和研究毫无进展的双重打击下，沃森一直闷闷不乐，直到 1960 年沃森团队发现了 RNA 的三种形式，并且基本上搞清了基因信息的传递过程——DNA 把信息传给 RNA，然后 RNA 再把信息传递给蛋白质。马歇尔·沃伦·尼伦伯格也因此实现了把人造 RNA 放进培养系统里制造出蛋白质，并且当时便合成了多聚苯基丙氨酸，这也是基因密码破解的第一步。

20 世纪 60 年代，遗传密码被破解。之后对于不同部位的癌症病变基因、精神病基因和其他患病基因都有了各自的研究成果，并且找到了一些现象间的联系，而有些联系让人瞠目结舌。基因时代真是一个令人惊奇的时代。

电视剧出现的滴血认亲场景，滴血真的可以认亲吗？在河南发现的曹操墓里面真的是曹操吗？DNA 在刑事案件中真的有那么灵验吗？带着这些问题，我们来看看生活中的 DNA 究竟是什么样的。20 世纪 80 年代，DNA 技术第一次被应用于法医科学领域，限制性片段长度多态性标记（RFLP）技术作为第一代分子标记技术开始发展。20 世纪 80 年代，亚历克·杰弗里斯发现多位点的数目可变串联重复序列（VNTR），至此，DNA 指纹技术开创了"法医 DNA 分析"时代。1985 年，第一篇有关聚合酶链式反应（Polymerase Chain Reaction, PCR）的论文发表。1988 年，美国联邦调查局（Federal Bureau of Investigation, FBI）开始将 DNA 作为证据之一进行犯罪调查。1991 年，第一篇关于链激酶（Streptokinase, SK）的论文发表，第二代 DNA 分析技术就此诞生。1995 年，法医科学服务（英国）（Forensic Science Service, FSS）开始建立英国 DNA 库；1998 年，FBI 发布 CODIS 数据库。DNA 技术在碎尸案和打击拐卖妇女儿童案专项小组中得到广泛应用。法医中常用的基本技术有 DNA 指纹技术、PCR 扩增片段长度多态性分析技术和线粒体 DNA 测序，虽然这三种技术在生命科学研究领域中属于比较落后的技术，但在实际应用中却是非常有效的，比如，公安机关可以通过搜集头发、烟头、口香糖或是面罩上的唾液、血迹等生物检材来侦破案件。

除了法医之外，DNA 技术也被应用于亲子鉴定中，它可以通过分析血液、头发、唾液等生物检材来进行。那么它的检测原理是什么呢？DNA 是人身体内细胞的原子物质。每个原子有染色体 46 条，雄性精子细胞和雌性卵子细胞各 23 条。当一个精子打败上亿竞争对手和卵子结合在一起时，46 条染色体就会创造出生命，所以每个人都从父亲那里继承了一半的分子材料，而另一半则从母亲那里获得。除了同卵双胞胎外，每个人的 DNA 都是独一无二的。由于其独特性，DNA 技术是进行亲子鉴定的最有效方法，其鉴定通常比法院要求的准确性高 10～100 倍。同一对染色体同一位置上的一对基因称为等位基因，如果检测到 DNA 位点的等位基因，一个与母亲相同，另一个则应与父亲相同，否则就存在疑问。使用 DNA 进行亲子鉴定需要检测数十个 DNA 位点，全部一样就可以确定亲子关系；若存在三个以上不同位点，则可以排除亲子关系；若少于三个，则需加做一些位点的检测进行辨别。

那么古代的滴血认亲是否合理呢？滴血认亲用到的仅仅是相同血型相溶的原理，此时就不得不提及血型的概念。通用的 ABO 血型系统由奥地利科学家兰德斯泰纳所发现并深入研究，他因此贡献获得 1930 年诺贝尔生理学或医学奖。现在看来，亲子间也不一定会有相同的血型。

5.3 恶魔与天使

生物技术的快速发展促进了转基因食品市场的开发，而转基因食品的好坏一直饱受争议。关于转基因的传言也是随处可见，比如，作为转基因技术研发大国的美国生产却不吃转基因食品；转基因致老鼠减少、母猪流产；转基因食品会对后代基因造成破坏；市场上销售的紫薯和彩色辣椒等都是转基因品种；食用转基因食品会导致癌症或不孕症，等等。虽然这些都属于不负责任的言论，但对转基因食品安全性的争论却从未停止过。

转基因技术的理论基础来自分子生物学。基因片段可以通过提取特定生物的基因组中的目的基因来衍生，也可以人工合成特定序列的 DNA 片段。将 DNA 片段转移至特定生物体，与其自身基因组重组，然后在重组体中进行数代的人工选育，从而获得具有稳定表达特殊遗传性状的个体。该技术实现了在原生生物中加入人们期望的新特性并开发出新的作物品种。

那么，克隆技术和转基因技术一样吗？其实，这是两种不同的技术，转基因的目的在于通过人工方式的基因重组，来达到改变生物体特性的目的，而克隆只是在某个生物体基因的指导下原封不动地造出一个复制品。20世纪70年代，科恩将金黄色葡萄球菌质粒上的抗青霉素基因转移到大肠杆菌体内，拉开了将转基因技术应用于实际的帷幕。随后，纳森斯、亚伯与史密斯因发现DNA限制酶获得1978年的诺贝尔生理学或医学奖，而"限制酶将引领我们进入合成生物学的新时代"。此后仅过了四年，美国礼来公司实现了利用大肠杆菌生产重组胰岛素，这标志着世界上第一种基因工程药物的诞生。

在了解转基因技术后，我们应该明确界定转基因食品的概念，即利用生物技术将某些生物的基因转移到其他物种，借此转化生物体的遗传物质，使其在性状、营养质量和消费品质方面的价值提升。转基因食品是由转基因生物作为直接产品或以其为原料生产的食品。按照是否含有转基因源，转基因食品可做如下分类：第一类本身不含转基因源，这意味着虽然食品来自转基因生物，但其本身没有任何转移基因成分；第二类含有转基因成分，但在加工过程中其性质发生了变化，食品中不存在可转移的活性基因；第三类含有活性基因成分，转移来的基因和生物本身固有的基因均会对人体造成影响。

世界上第一种转基因作物是1983年种植的转基因烟草。虽然转基因食品是否真的100%安全充满争议，但是转基因技术确实提高了作物产量，缓解了世界粮食危机，而且带来了很多新的品种。各国政府对待转基因的态度各不相同，民众更是如此。

事实上，之前提到的关于转基因的传言都经历了漫长的辟谣过程。

2010年9月，一家名为"国际先驱导报"的媒体报道："山西、吉林等地区种植'先玉335'玉米导致老鼠减少、母猪流产等异常现象。"后来，科学技术部和农业部成立了一个由多部门、多学科专家组成的调查团，对媒体所报道地区进行现场调查。结果表明："先玉335"不是转基因玉米品种。因此，此篇言论纯属子虚乌有，是违背记者职业道德的不负责任的虚假报道，甚至还被评为2010年度"十大科学谣言"之一。市场上出售的圣女果、紫薯和彩色辣椒并非都是转基因品种，它们都是自然进化和人工选择相结合的产物。而对转基因食物的界定在现阶段也并不十分明确，在此背景下，很多非专业人士随意发表的评论也可能会带来不必要的恐慌。

"转基因致癌说"曾红极一时，然而，无论是在医学界还是在整个科学界，转基因食品都没有被列为胃癌的致病因素。此外，转基因食品必须在上市前进行动物致癌作用测试。几年前法国研究团队有一个项目——研究人员将转基因玉米喂给小白鼠后发现它们罹患肿瘤的概率增加了。其实这个项目的资金来源是有机食品公司，而这种强大的影响力使得实验设计和结果都经不起推敲，因此该项目研究论文已被撤销，是不能用来作为证据的。

但是，与类似的非转基因作物相比，转基因作物通过转入一个或多个基因后而产生了新的物质，那么这种新物质有致癌的可能吗？目前主要有两种基因被广泛运用于农作物的培育和种植，一种是抗虫性的，另一种是除草剂耐受性的。将抗虫转基因作物转移到抗虫蛋白质中，该蛋白质对鳞翅目昆虫有毒，但对包括人类在内的其他动物是安全的。抗虫蛋白进入人体会被消化掉，并不会对人体造成伤害，也不会引起癌症。将除草剂耐受性转基因作物转移至对除草剂草甘膦具有抗性的酶基因上，它对人体也无害。

尽管科学知识和实验结果不断地通过媒体被普及，但仍然有很多人怀疑转基因食品的安全性。不仅仅中国人这样，甚至在转基因食品普遍存在的其他国家仍然有部分民众怀疑它的安全性。事实上，转基因食品的安全风险主要集中在以下四个方面：首先，转基因食品是否具有毒性。导入的基因破坏了原有的物质结构，或者其不稳定可能带来新的毒素，引起急性的或慢性的中毒。其次，外源基因产生的新蛋白质可能会引起人类的过敏反应。再次，外源基因的安全性和稳定性还存在争议。最后，转基因作物中营养成分的变化有导致人体营养结构失衡的风险。现在，对于转基因食物的好坏，科学家一时也无法给出完全肯定的答复。

前沿思考

现代生命科学的发展不仅与人类的生存、健康、经济建设和社会发展密切相关，而且与人们的道德伦理联系密切。其实现代生命科学已经达到了一定的高度，但是由于伦理的限制，像克隆这种技术根本无法推广。生命科学的发展对人类最直接的益处就是治疗一些现在的不治之症，而引领生命科学研究优势的基因技术，将是疾病治疗的突破口。2010年诺贝尔化学奖获得者卡尔·巴里·夏普莱斯认为：人类目前只不过发现了生命科学的"冰山一角"，还有太多奥秘等待被揭示，生命的复杂性是我们难以想象的。有人甚至表示，随着人工智能、大数据和生命科学的整合，以及遗传技术和干细胞移植技术等许多领域的突破，生命和健康产业的发展将出现前所未有的机遇，实现"精准医疗"的可能性越来越大。不可否认的是，信息技术在不断地改变我们的生活，而生命科学的长效发展在未来也可能会使我们的生活发生巨大改变。从生物科学研究的角度看，生物的数据繁杂，对于搜集到的数据进行整理时，从中获取有用信息的效率很低，所以这门科学的系统化也将会是未来的发展方向。

第 6 章
CHAPTER SIX

"地理决定论"与"历史决定论"

水土之异使得橘生淮南、枳生淮北，是否也因此造成了不同地域的人群性格、思维、习俗的差异呢？这种差异为何存在，又是什么时候出现的？"地理决定论"者尝试从我们生活的这片山河中寻找答案。

约 100 万年前，中华大地上就出现了人类早期活动的痕迹。从各地发现的旧石器时代的古人类遗址来看，南北地区生活的古人类所使用的石器工具存在明显差异。北方的陕西蓝田人和北京周口店人主要使用打制的石片石器，而南方的元谋人以及安徽和县人所使用的多为砾石石器。到了新石器时代，群居部落出现，而黄河流域部落的房屋多为半地穴式构造，同时以河姆渡文化为代表的长江中、下游地区的部落则选择呈现底部架空的干栏式房屋。这些地区的古人类是否拥有共同的祖先？抑或是在迁徙过程中受所在地域自然环境的影响产生分化？这些问题都尚未得到考证，不过已有学者认为，从旧石器时代起，中国人就已经在文化上有了南北差异。

随着生产力水平的提高，文明程度也产生了质的飞跃，但自然环境对人们的生活仍然起着决定性作用。《管子》记录了春秋时期齐国政治家、思想家管仲及其弟子的言行事迹。全书内容庞杂，兼容百家，其中的《水地篇》记载了这样一段话：

> 齐之水道躁而复，故其民贪粗而好勇；楚之水淖弱而清，故其民轻果而贼；越之水浊重而洎，故其民愚疾而垢；秦之水泔㝡（音最，聚集之意）而稽，淤滞而杂，故其民贪戾罔而好事；齐晋之水枯旱而运，淤滞而杂，故其民谄谀葆诈，巧佞而好利；燕之水萃下而弱，沈滞而杂，故其民愚戆而好贞，轻疾而易死；宋之水轻劲而清，故其民闲易而好正。

由此可见，先秦时期就已经出现了典型的地理决定论思想，尽管还未正式命名，但这样的思想论述在其他诸子经典中也曾出现过。比如，作为儒家经典之一的《周礼》记载了先秦时期的社会、政治、经济、风俗和礼法等，其中的《地官·司徒》将九州地形分为五种，每种地形上生长的人和动植物各异：生活在山林中的人毛长而体方；生活在川泽的人肤黑而润泽；生活在丘陵的人体形圆长；生活在坟衍的人肤白而体瘦；生活在原隰的人体形矮胖。同时，主张要根据不同地形上生活的人的风俗习惯的不同施以教育，并根据不同区域土壤的特征教民生产，制定赋税。此外，《礼记》中也提到："广谷大川异制，民生其间者异俗。"这些无不体现着地理环境的决定作用，无论是地形影响当地居民的外貌形态，还是河水影响当地人的性格品德，虽也有很多纯属无稽之谈，但是这也说明当时的人们已经开始思考各地人群的差异，并且将这种差异归因于当地的山川地貌、河流水文等地理环境。

由此可以看出，早期人类的发展史也是一部人类与自然的斗争史，在生产力水平极端低下的原始社会，人们只能靠采集和狩猎获取自然界原有的东西，即使出现了原始农业和手工业，出现了氏族社会，自然的力量依然是当时人类先祖无法抗衡的。因此他们对自然有着强烈的既畏惧又服从、既依赖又崇拜的心理。他们将自然变化、社会运行甚至人的命运看作被某种超自然的力量所主宰，在迷信思想的影响下，形成了天命论，天命不可抗拒，人只能选择服从。这也直接影响到了人类看待自己与自然的关系，认为自然环境决定一切，人在这一关系中只能选择"无为"，这就是我们今天所说的地理决定论。

6.1　枪炮、病菌与钢铁

20世纪90年代，一个名叫贾雷德·戴蒙德的美国人因一本名为"枪炮、病菌与钢铁"的畅销书获得了美国普利策奖和英国科普图书奖。在该书中，作者试图解释人类社会的命运。现代社会充满着种种差异，一些地区的人使用着科技革命带来的成果，过着所谓"文明"的现代生活；而另一些地区的人依然使用石器狩猎、采集食物，过着酋长制的部落生活，甚至有的被外来文明所征服和奴役。这些差异产生的原因是什么？为什么不同大陆上的人类社会的发展速度如此迥异？该书中说到，来自亚欧大陆的病菌杀死的印第安人比枪炮杀死的要多得多，如果枪炮、病菌和钢铁是欧洲征服世界的直接武器，那么为什么枪炮、具有杀伤力的细菌和钢铁没有首先出现在非洲？难道连病毒的进化都存在种族差异？如此种种，书中所提到的"耶利的问题"，是作者长期思考后力图回答的问题，同样也是困惑了几代人的人类文明进化之谜。

危险的是，人类社会的这种差异很容易被种族主义者利用，他们将这些归结为民族之间天生的差异，借此宣称某个民族的人种天生高贵、智慧超群，因此才能够掌握语言文字、科学技术。贾雷德·戴蒙德在向以种族主义为基础的人类史理论开炮的同时强调："不同民族的历史遵循不同的道路前进，其原因是民族环境的差异，而不是民族自身在生物学上的差异。"

实际上，地理环境影响社会进程并不是什么新鲜概念，早在公元前4世纪左右，也就是我国历史上的春秋战国时期，被誉为"西方历史学之父"的古希腊历史学家希罗多德在他的著作《历史》中记叙了他在古埃及考察的经历，并第一次系统性地论述了人与地理环境在特殊历史时期中的关系，他认为所有的历史都必须从地理环境的角度进行研究。因此，希罗多德可以被看作西方地理决定论的奠基者和创始人。

希罗多德之后的"古希腊医学之父"希波克拉底提出了地理环境在人类性格方面具有决定性的影响作用。他认为空气、水、纬度和海拔等地理环境会通过影响生物，特别是影响人类身体内部的体液，进而对其健康和性格产生关键影响，最终整个人群的性格也会反映在当地的文化之中。希波克拉底认为："在炎热的低地，通风差、热气旺盛，那里生活的人身材矮小健壮，体液也不均衡……天生缺乏勇气，也不勤劳。而在贫瘠的、干旱、四季分明的地方，人们身材健壮高大，也更有激情，自信以及自律。"许多古希腊和古罗马学者也支持这样的观点。

同一时代的古希腊哲学家柏拉图则提出了地理决定论的一个重要分支——海洋决定论，他认为海洋的变幻莫测使国民的性格变得虚伪不可靠，而海洋中物产的富饶和海域的开阔又使得国民思想中充满了商人的特性。柏拉图的学生亚里士多德在继承老师的学说的基础上提出了气候决定论，他认为地理位置、土壤、气候等环境因素会影响一个群体的民族特性与社会性。他指出，居住在寒冷地带和欧洲的民族虽然具有大无畏的精神，但是缺乏智慧与技术，因此他们虽然保持着相对的独立，但缺乏政治组织能力，不能统治其他民族。亚洲的民族虽然聪明，但是缺乏勇敢的精神，因此他们永远处于从属和被奴役的地位。但是居住在他们之间的希腊民族，性格具有两者共同的优点，既勇敢也有智慧，因此它是独立的，并且能统治其他民族。这看起来像是古希腊人的自吹自擂，但是他的这一思想却"代表了古希腊地理思想的一个时代"。

时至近代，地理决定论又有了长足的发展。与其说是这种理论在东西方多位思想巨擘的宣扬中广为流传，倒不如说是社会时代的发展推动了地理决定论的日趋成熟。随着资本主义萌芽的发展，新兴资产阶级力量逐渐壮大起来，再加上鼠疫疫情在中世纪的欧洲大规模流行，宗教神学权威一再受到挑战，文艺复兴的大幕徐徐拉开。1492年哥伦布发现新大陆，1519年麦哲伦开始环球航行，1543年哥白尼出版《天体运行论》……种种地理学上的大发现不仅让人们对自己生活的地球有了更多了解，也进一步将人们的思想从宗教束缚中解放出来——上帝不是决定一切的主宰，我们生活的家园、周围的环境才是影响我们的决定力量。如此一来，人们开始质疑和反对宗教神学的精神统治，开始对社会发展的客观规律展开深入探索。这一时期也涌现了多位地理决定论的代表人物。

16世纪的法国思想家博丹主张地理环境对民族性格、国家形式和社会进步具有决定性作用。他在《论共和国》一书中这样阐述自己的观点：北方的严寒使那里的人体格强壮而缺少才智；南方的炎热使那里的人富有智慧而缺少精力。因此，根据地理环境的差异，统治国家的方式也有所不同，如北原靠权力、南国靠宗教、东境靠刚正、西域靠公平等。这一理论与亚里士多德的气候决定论有着异曲同工之处。法国的政治家、哲学家和思想家孟德斯鸠是地理决定论的集大成者。

在其名著《论法的精神》中，孟德斯鸠用了五章篇幅对地理环境的影响进行了相当深入的剖析。从人的生理、心理、气质、情感到国家的政治制度、地方法律、宗教信仰，这一切无不受所处的地理环境的影响。特别是气候的冷热，他曾指出，在寒冷的国家，人们比较勤劳，品性纯朴，性情率真，邪恶少，美德多；在炎热的国家，人们比较懒惰，行为往往越出道德的边界。

到了19世纪，地理决定论发展成为社会学中的一个学派，被称为社会学中的地理派，主要代表人物是德国的拉采尔。他第一次系统性地把决定论思想引入地理学科。拉采尔认为，地理因素特别是气候和空间位置等要素，直接决定了人们的体质、意识和文化差异等，并成为各个国家经济社会发展和历史命运的最终决定力量。拉采尔开创了地理达尔文主义，认为人是地理环境的产物，在此基础上他还提出了"生存空间说"和"国家有机体说"。他的学生、美国地理学家森普尔通过《地理环境的影响》《美国历史及其地理条件》等书进一步宣扬了拉采尔的观点，扩大了其在世界范围内的影响力，因此也有人将拉采尔看作地缘政治学的鼻祖。而"地缘政治学"一词最早是由瑞典政治地理学家契伦在其所著《论国家》一书中提出的。一方面，地缘政治学可以被认为是关于地理学对国际政治特征、历史、结构以及国与国关系的影响的研究；另一方面，也指代在第二次世界大战时为纳粹德国的对外侵略扩张提供了所谓理论依据的"地缘政治学说"。这一领域的代表人物是英国地理学家麦金德，其因在著作《历史的地理枢纽》中提出了"大陆腹地说"的观点而闻名于世。但是他的这种观点被纳粹学者利用，以德国人豪斯霍夫为首的地理政治论学派认为，既然地理环境决定了一些地区的民族性格存在缺陷、智慧程度较低，那么"优等民族"就有权力为世界建立"新秩序"。地理政治学为每个国家都规定了各自的"生存空间"，这为法西斯主义的侵略扩张提供了理论根据。

事实上，在这么多年的发展过程中，地理决定论一直有着不可避免的局限性，它过分夸大了自然环境对社会生活和社会发展的作用，对于许多国家或地区的现实情况无法自圆其说，并且接二连三受到地理环境不变论、文化决定论、历史决定论的挑战，甚至被种族主义者不怀好意地篡改利用。但在人们冲出神学的桎梏、重新认识社会发展规律的过程中，地理决定论发挥了重要的作用。其所强调的地理环境重要性也为人们认识人地关系、思考人与自然的相处之道提供了重要启示。

若真如《枪炮、病菌与钢铁》一书作者贾雷德·戴蒙德所说的，地理环境对一个民族的历史进程有决定性或显著性的影响，那么这种影响是如何发挥作用的呢？我们选择从一个并不陌生的国家和民族来谈论这种影响。

日本与中国隔海相望，其地理环境和中国相差甚远。从地理学角度描述，日本是一个由本州、四国、九州和北海道4个大岛以及其他7000多个小岛组成的太平洋岛国，地形以山地和丘陵为主，且多数为火山，其中最著名的当属富士山。因为地处亚欧板块和太平洋板块交界地带，所以两大板块相互挤压释放的能量给日本带来了多次地震。据统计，日本平均每天会发生3.0级以上地震4～6次，世界范围内发生的里氏6.0级以上的地震中，有20%发生在日本诸岛，无怪乎日本被称为"地震之国"。百余年间，日本就发生过5次足以毁灭一座城市的大地震。不仅如此，日本地处太平洋之中，大地震常常会引发海啸。1896年，一场震感并不明显的地震却给日本带来了20多米高的海啸，带走了约2.2万条生命。仅仅30多年后，1933年的三陆地震同样引发了超过20米的海啸，造成约3000人死亡或失踪。即使不是发生在日本本土的地震，其引发的次生灾害也可能会对日本造成严重伤害。例如，1960年的智利大地震引发了20世纪最大的海啸，这场海啸从太平洋一端波及另一端的日本沿岸，使15万人流离失所。此外，日本还饱受火山爆发的凌虐，日本境内有大小火山约300座，其中活火山数量占世界总数的1/3。很难想象一个陆地面积和我国云南省面积相差无几的国家，因特殊的地理位置而常年经受地震、火山和海啸的摧残，日本人在这样与生俱来的环境中生活，在世代的繁衍中逐渐形成了与其他文化相异的特有属性。

无数次的山崩地裂、残垣断壁使日本人见识到了自然的可怕，因此在他们的人生观、世界观中都体现出了一种对自然和宿命的恐惧感、生命的刹那感和危机的警惕感，他们的艺术也多是片段的、瞬间的。同时，有限的资源、众多的人口也使日本民众养成了珍惜眼前事物并充分利用的习惯。

这种危机感或许是生活在其他地区的民族无法体会的。日本灾难小说和电影比其他国家都要盛行。《天咒》《黑雨》《哥斯拉》《进击的巨人》……这些作品中无不体现着日本民众的"末日心态"和"乱世情节"。尤为著名的是《日本沉没》，这部根据同名小说改编的电影，描绘了日本岛即将沉没，政府想尽办法化解危机的故事。小说的畅销和电影上映时的万人空巷有力地说明了灾害对日本人的羁绊，以及其内心深处的危机感和忧患意识。

由此可见，地理环境确实可以影响一个国家人民的心理情感和思想意识，进而渗透进国家和民族的历史进程。经过长期的历史演变和地域分别，这种差异可能更为明显，那么如果是一国之内呢？"一方水土养一方人"的说法自古流传，而我国地域辽阔，东西、南北跨度都很大，各地气候、地形均存在明显差异。那么，这样的地理环境差异是否会对各地居民产生不同的影响呢？通过前文的描述，答案是显而易见的。

比如中原大省河南，虽平原广阔，气候适宜，但位于黄河中下游，历史上的多次旱涝灾害和连年战乱对河南的影响深远。为了躲避战乱和饥荒，人们只能背井离乡。为了能填饱肚子，不再忍饥挨饿，河南人更加重视农耕，以农业立省。与河南省毗邻的湖北省，虽也是华中腹地，但情况却大不一样。湖北省地处长江中游、洞庭湖以北，亚热带季风气候造就了此地河流蜿蜒、湖泊众多的水文环境，因此湖北省也被称为"千湖之省"。江河浩瀚，山川秀美，独特的水文地质环境孕育了湖北省荆楚文化的浪漫主义气息，也成就了屈原、宋玉等人充满浪漫主义色彩的辞赋篇章。

由此可见，地理环境对不同文化现象的形成确实有着重要影响。虽说先秦典籍中的各地民众因环境不同而相貌有别、品性相异的说法过于武断，但是今天看来，地理环境确实会潜移默化地影响不同国家、民族和地域文化的形成，进而影响历史。但同时，我们也知道，地理环境不是一成不变的，且人类也始终在进步。从最初的崇拜自然、依赖自然逐渐发展为顺应自然、与自然和谐相处，人与自然的关系正不断改善和优化，我们已逐渐摆脱那种仅凭山川河流的错落就可决定人的高矮胖瘦、美丑善恶的思想。但是人类也应该意识到，脚下的土地和头顶的天空是我们目前唯一且不可复制的家园，尊重自然力量，或许是地理决定论留给我们最大的思考。

6.2 血脉传承中的"命中注定"

"无论走到哪里，都应该记住，过去都是假的，回忆是一条没有尽头的路……"这是加西亚·马尔克斯《百年孤独》中的一段话。这部20世纪最伟大的魔幻现实主义作品中，处处体现着命运的安排、历史的注定。布恩迪亚家族百年七代的兴衰、荣辱、爱恨、福祸，每个人内心深处根深蒂固的孤独，似乎从第一代布恩迪亚人身上就已经打下了烙印。何塞·阿尔卡蒂奥·布恩迪亚是人类男性祖先的象征，之后每一代家族的男性成员都不同程度地继承了他的精神特质，他们一样无法摆脱命运的约束：要么死于非命，要么陷入孤独而死。"过去的历史都是假的吗？"马尔克斯在这里显然用了一个发人深省的反语，正如整部小说中扑朔迷离的神话和似是而非的魔幻色彩一样。小说中的羊皮卷，那本记载着"家族中的第一个人将被绑在树上，家族中的最后一个人将被蚂蚁吃掉"的手稿，早已在100年前就写好了整个家族的未来。这让人不禁感叹：历史的车轮滚滚向前，沿着时间马车的轨迹走出历史的层层迷雾并非难事。然而，是否可以通过历史轨迹预见马车下一站将开往哪里？沿途的风景是否已为后面的旅途埋下伏笔？所谓"命中注定"是否真的刻有命运的烙印？每时每刻在我们身边发生的一切是否有其必然性和规律性？与那些重视地理环境影响作用的人不同，历史决定论尝试从历史发展的高度解释这样的疑问。

从哲学角度来讲，历史决定论是一种承认历史运动的客观规律性，并注重其中的因果联系和历史必然性的哲学观点。与一般的宿命论和唯意志论不同，这一观点承认社会历史发展的客观规律性和内在必然性，并不承认历史由超物质力量所决定。从实践和认识的辩证关系角度讲，历史决定论是基于实践的辩证的自我决定论。这种观点强调人的实践活动，认为实践是推动历史前进的决定力量。另外，还有观点认为，这一决定论侧重于探索历史演变的内在规律性问题，用以预测未来的社会走向。甚至还有人将历史决定论等同于唯物史观，而国内普遍存在将唯物史观作为历史决定论的现象，尽管我们从未在任何一篇马克思的著作中查看到这样的表述。而历史决定论的提出者卡尔·波普尔更是直接将马克思主义称为纯粹的历史决定论形式。尽管在定义等形式问题上存在着种种分歧，但应该承认的是，认为历史发展具有其规律性和必然性是历史决定论的基本特征。

规律是事物之间内在的必然的联系，决定着事物的发展方向。规律是客观的，是不以人的意志为转移的，它既不能被人创造，也不能被人消灭。自然界和人类社会中都存在着各种各样的规律，那么历史的发展是否也遵循着某种规律呢？若有的话，这种规律又是什么呢？长久以来，人们对这一问题反复探讨，并产生了许多著名的人物和思想。

意大利哲学家维科是第一个深入探讨历史决定论的西方学者。他的主要观点是：人既是历史的创造者，又是历史的认识者；历史发展具有规律性，必须经过"神权""英雄""人权"三个阶段；处于历史活动中的个体都有着自己的特殊目的，这些个体的特殊目的总会不自觉地相容，最终形成具有历史意义的普遍目的。维科生活于欧洲启蒙运动时期，在他之前，宗教神学的历史观一直统治着人们的精神，教廷将历史看作神安排的一种秩序。而维科以超前的眼光和卓越的智慧将历史的重心从神转移到人，并且第一次肯定了历史规律的存在，这是他在充分认识到科学革命的成就和意义的基础上做出的敏锐观察与分析。

维科之后，空想社会主义学者圣西门和傅里叶探讨了社会历史的规律性。他们认为，人类本身的内在欲望和外界物质财富之间的矛盾构成了社会历史的规律性。历史发展的本质是物质财产的分配和安排。黑格尔则更进一步地提出了历史必然性是绝对理性在时间中的展开这一论断，他告诉我们，历史规律只有通过人类的实践活动才能真正产生作用。历史规律是先于历史产生的"计划"，人只是实现这种"计划"的"工具"。这种历史规律与其他重复性和常规性规律不同，拥有合目的性、历时性和单线性的特征。黑格尔只是在形式上肯定了人的能动性，其本质上是客观唯心主义的代表。而真正将人作为历史的主体去研究历史规律的是马克思的唯物史观。

马克思的唯物史观将实践的概念引入历史观，实践是人类能动地改造世界的物质性活动，从而将社会历史建立在物质生产实践的基础上。马克思指出，社会经济形态的发展是一种自然历史过程，实践将人类有意识的活动与这一过程联系起来，从而使历史活动既具有自身的规律性，又具有人的历史选择性。如此看来，马克思将历史定义为人的实践活动在时间维度上的纵向展开，而历史的必然性也不过是一种体现人的活动的特殊性、有目的的实践规律罢了。

谈到历史决定论，还有一个人不得不提，那就是卡尔·波普尔。作为当代西方最有影响力的哲学家之一，他的研究涉猎广泛，在科学哲学、社会哲学、逻辑学等多领域都有重要影响。在其著作《历史决定论的贫困》中，波普尔提出人类历史的进程受到人类知识的影响，而人类没有办法采取合理的方式预测其科学知识的增长，所以人类也就不能预测其自身历史的发展方向。并且，他指出不存在任何一种历史发展理论能够作为预测历史的根本依据，故而所谓的历史决定论是错误且无法实现的。因其所处的时代，波普尔受到第二次世界大战的影响，他反对一切声称掌握了历史规律的理论，并且他将这样的理论统统认为是历史决定论。从这一角度出发，他将马克思主义和纳粹主义相提并论，并对两派都产生了重要影响。实际上，波普尔更多的是从实证主义和科学批判主义角度对历史决定论进行逻辑上的批判的，而他对历史决定论的定义也有自己的局限性，但我们不可忽视他在思维上的严谨和不惧权威的批判精神。

看来，承认历史发展的规律性和以此来预测未来是历史决定论的两个主要矛盾。但这两者又是相互依存和不可分割的。因为从一般性来讲，规律具有客观性和重复性，人们对历史现象进行多次反复的探索，才总结出历史规律。规律必须具有预见性，否则历史规律就失去了存在的意义与价值。在我国长期的历史发展过程中，人们总结出了许多历史规律。比如诸葛亮在《出师表》中所谈到的兴亡之道："亲贤臣，远小人，此先汉所以兴隆也；亲小人，远贤臣，此后汉所以倾颓也。"再如黄炎培所说的历史朝代"其兴也勃焉，其亡也忽焉"。这些都是经过历史验证的经验总结，但能否作为预测以后事件走向的依据呢？

1894年1月，一名男孩在玩耍时不慎落入德国帕绍的一条河中，就在他奋力挣扎几乎要被溺死时，另一名年龄相仿的小男孩跳进水中将他救起。然而这一举动却被称作"毁灭世界的善举"，因为差点被淹死的男孩名叫阿道夫·希特勒。救他的小男孩约翰·库赫博格后来做了一名神父，他对自己当年的举动懊悔不已。但是面对死亡边缘线上的伙伴，谁又能预料到几十年后的事呢？对物理学家和化学家而言，任何运动和变化都是有规律的，分子、原子、同位素或者尚未发现的新物质构成了我们存在的世界。然而对历史学家或者其他人文社会科学而言，人这个特殊的研究对象拥有太多未知的变数。

历史上最有名的预言之一应该是对一颗彗星的成功预测。1705年，一个名叫埃德蒙·哈雷的英国人发表了《彗星天文学论说》，宣布1682年曾引起世人极大恐慌的大彗星将于1758年再次出现于天空。一些人讽刺哈雷是在开天大的玩笑，但这项预测是他在长期的观测和计算的基础上提出的。1758年年底，这颗彗星的重现被一位业余天文学家观测到了。虽然此时哈雷已经长眠地下，但人们为了纪念他，将这颗76年出现一次的彗星命名为哈雷彗星。而颇具讽刺意味的另一个预言是意大利文艺复兴时期的一名学者卡尔达诺在他71岁时通过占星术推算出自己将在1576年9月21日去世，但是到那一天时，他仍好好地活着，为了保全自己大星象家的名声，他选择自杀来证实自己的预言。尽管卡尔达诺还有很多医学和数学成就传世，但这样一个结局实在让人啼笑皆非。这也正说明，预测人类的历史和预测星体运行轨道或是一次细胞分裂迥乎不同，历史学家不可能像自然科学家一样，在可以操控变量的实验室里进行他们的实验，或是通过大量的计算证明他们的推理。历史无法进行反复试验，历史的主体——人类会以自身的方式影响历史进程。所谓历史的预言，不过是忠告和建议，或许只有当这些忠告和建议变成现实时才会被人们提起。

前沿思考

爱因斯坦在给玻尔的一封信中写道："你信仰投骰子的上帝，我却信仰完备的定律和秩序。"此时正是决定论统治科学界的时期，它认为一切都起源于"因果"，世界上所有的运动都是由确定的规律决定的，知道了原因，就一定能知道结果。比如，牛顿力学提出后，人们可以借此算出天体运动规律，这在以前被认为是天方夜谭。地理决定论与历史决定论也是在这一背景下有了空前的发展。人们对自身和生活的世界有了更多的理性审视，试图提出"为什么"，并寻找线索来解释它。尽管在建立之初就受到了种种质疑和否定，至今也很少有学者公开宣称自己是完全的地理决定论或历史决定论者，但是这两种理论均在不同程度上使人们开始重视周围的环境和过去的历史进程对现在与未来的影响。放在今天，交通的便利已经让万水千山显得渺小，地形环境已不再是人群交流的阻碍。填海造陆、退耕还林，人们改造自然的能力和尊重自然的心性在逐步提升，而亟待解决的环境问题也更加棘手。地理是否还会对不同地域文明的发展产生独有的影响？这种影响相较于之前有何不同？同样，对历史决定论而言，过去到底发生了什么？我们懂的并不比未来将要发生的事情多。在充满不确定因素的现代社会，过去真的是通往未来大门的钥匙吗？这些仍是决定论无法回答的。

第7章
CHAPTER SEVEN

艺 术

什么是艺术？这一名词似乎可以和"文化"相媲美——同样寓意丰富、难下定论。而我们这里所说的艺术（art）专注于文艺，它指的是一种比现实更典型的社会意识形态，通过塑造形象来反映社会生活，如文学、绘画、雕塑、音乐、舞蹈、戏剧、电影、曲艺、建筑和语言等都可被归于艺术名下。

都说艺术来源于生活并高于生活，寻找艺术的起源这一问题似乎略显滑稽。既然艺术和人们的生活无法剥离，那么何时有了人类，何时就有了艺术。我们总不能因为原始居民没有文字和绘画作品传世就否定他们没有艺术细胞。也许距今170万年的元谋人就曾学着猿啼唱起他们的族歌，也许距今70万年的周口店北京人就曾围着篝火跳过他们的舞蹈。新石器时代的先民已经开始制作陶器，他们在用泥条盘筑陶罐时，脑中是否浮现起打鱼时水面的一道道涟漪？他们在器物上施以彩绘时，是否正向往着昨日所见树梢上那只羽毛艳丽的鸟？这并非无端的臆测，因为无论在哪个朝代，无论是怎样的社会意识形态，艺术都是人类实践活动的一种方式，虽然美的定义不同，但追求美是人类永恒的话题。

水中的鱼、林间的兽也许正是艺术的源头。亚里士多德认为，艺术是模仿的产物，而模仿是人类的天性和本能。列夫·托尔斯泰认为，艺术起源于人们感情的表达。艺术家为了使别人能对自己的体验感同身受，便将这种情感体验借助某种外在形式表达出来，这种外在形式可以是文字、绘画、雕塑、建筑，也可以是其他世间存在的万物，甚至是自己，这就是艺术表现。西方著名的"巫术说"认为，原始艺术起源与审美无关——洞穴里阴暗潮湿，壁画显然不是为了欣赏而作——壁画中的艺术形象都是借用巫术来保证狩猎的成功。较为现实的"劳动说"认为，原始人将劳动行为和猎物的动作衍化为舞蹈，劳动时的号子与呼喊发展为诗歌，而人体和环境发出的各种声音及节奏，也为原始人类提供了原始音乐的灵感。种种猜测并没有回答艺术的起源究竟是什么，这一"斯芬克斯之谜"也许并没有一个准确的答案，而这或许又恰恰是艺术的迷人之处。

7.1　路漫漫其修远兮

作为一个拥有悠久历史的文明古国，艺术是我国悠悠历史长河中光芒难掩的璀璨明珠。中国向来不缺乏艺术品质，也不缺少艺术家，中华民族在艺术方面取得的成就堪比恒河之沙。我们选择以时间为轴溯流而上，探寻中国古典艺术的滥觞，鉴赏每一个时期中华传统文化的瑰宝。

7.1.1　上古荣耀

从汉代史学家司马迁的《史记·十二诸侯年表》来看，上古可以推算的具体年份是西周晚期共和元年，也就是公元前841年。但是现在我们所认为的上古时代，根据白寿彝总编的《中国通史》，指的是夏、商、西周、春秋和战国。"从历史发展顺序上看，这相当于一般历史著述中所说的奴隶制时代。但在这个时代，奴隶制并不是唯一的社会形态，我们用'上古时代'的提法可能更妥当些。"

从考古挖掘得到的大量珍贵文物可以看出，上古时代的先民已经发展出了高超的工艺制作技术和审美价值。新石器时代出现了彩陶，其中以黄河流域出土的彩陶最具代表性（外形、花纹、数量）。例如，从马家窑文化遗址出土的彩陶舞蹈纹盆，内壁上有三组手牵手舞蹈的女性，形象生动。仰韶文化出土的人面鱼纹彩陶盆上，画着一副戴着三角形冠饰的人面和左、右两侧共四条鱼形图案。山东胶县出土的薄胎黑陶杯，器壁厚度不及0.5毫米，重量不到50克，杯身通体黑亮还有简洁明快的花纹，代表了那个时期制陶工艺的鼎盛。

夏、商、周被称为青铜时代，虽然中国青铜器的出现晚于其他文明古国，但是从使用规模、铸造工艺、造型艺术及品种来说，当时中国的青铜制造工艺绝对是世界铜器制造业中的巅峰。从日常饮食所用的酒器、水器、食器到祭祀所用的礼器，从音乐欣赏所用的钟、钲、铙到征战沙场所用的戈、戟、矛，青铜器在当时人们的生活中扮演着举足轻重的角色。铸造技术上的模铸法、失蜡法、浑铸法，铜器上的饕餮纹、夔龙纹、云雷纹、蟠螭纹，这些古代工匠的智慧与高超工艺让现代人都惊叹不已。从流传至今的后母戊鼎、毛公鼎、莲鹤方壶、曾侯乙编钟、三星堆青铜人面具中，我们可以欣赏到那个青铜时代的辉煌与荣耀。

石之美者谓之玉。玉器的出现是远古石器的延续与创新。据推算，新石器时代晚期就出现了加工玉石的方法，氏族首领的墓葬中出土了许多精制的玉器。商周时期，玉器已经在人们的审美观念里占据重要地位。《礼记·聘义》中记载着孔子的一段话：

> 夫昔者，君子比德于玉焉。温润而泽，仁也；缜密以栗，知也。廉而不刿，义也；垂之如队，礼也；叩之，其声清越以长，其终诎然，乐也；瑕不掩瑜，瑜不掩瑕，忠也；孚尹旁达，信也；气如白虹，天也；精神见于山川，地也；圭璋特达，德也；天下莫不贵者，道也。

《诗经》有云："言念君子，温其如玉。"这便是"君子如玉"的来历。按照用途，上古时期的玉器大致可分为两种：一种是礼玉，用于祭祀天地、朝觐、礼聘、结盟等活动；一种是装饰用玉，用来悬挂佩戴。所谓"五瑞"和"六器"就是指璧、圭、琮、璜、璋五种形状不同的礼玉，以及苍璧、黄琮、青圭、赤璋、白琥、玄璜六种特殊用途的祭祀用玉。传说中的和氏璧造型精美，价值连城，我们今天虽无法目睹其风采，但是根据古书记载，这样一块玉璧曾引得两国差点发动战争，足可见古人对玉的崇拜。

这一时期，诸子百家交相辉映。百家中较有影响力的是儒家、法家、道家、墨家、名家、农家、阴阳家等，诸子是指孔子、孟子、墨子、老子、庄子等学术代表人物。诸子百家的思想在师门传承中得到凝练升华，集结成篇，再由后世弟子编撰成书，得以传世。虽后来历经"焚书"和"尊儒"之变故，但《论语》《孟子》《墨子》《老子》《庄子》《韩非子》等著作流传至今，从这些先秦典籍中，我们依然可以感受那个黄金时代思想的繁荣和学术的自由，体会孔子的"仁爱"，感受孟子的"浩然之气"，做一场庄周的化蝶美梦，走一遍苏秦的合纵之路。

7.1.2 秦汉风采

秦朝的大一统结束了约 500 年的诸侯林立、列国纷争的局面，并自此开创了中央集权的政治制度，使中国的文明发展进入一个全新的时代。因为秦国仅三世而亡，并且建立统治后又将大量时间花费在镇压起义和修建工事上，因此谈到艺术，秦朝常常会被人们忽略，但是有两件事却不得不提：一件事是书同文。统一中国后，为了巩固其统治地位，秦始皇嬴政推行了一系列政治、经济和文化上的措施。在文化方面，嬴政下令让丞相李斯在秦国原有的字体上进行改造，并结合六国的文字，发明出小篆作为标准文字通行天下，这在中国文字发展史上是一座里程碑。而李斯又是一位造诣很高的书法家，《峄山石刻》《泰山石刻》《琅琊石刻》《会稽石刻》皆是他的代表作品，秦代开创了中国书法的先河。

另一件事便是修筑万里长城。历史上各朝各代均修建过长城，但只有秦朝的被称为万里长城。秦灭六国后，为了巩固边防和抵御匈奴，筑起了一道"西起临洮（今甘肃省山尼县），东止辽东（今辽宁省），蜿蜒一万余里"的长城，"万里长城"一说便是由此而来的。尽管在长城的修建过程中民众怨声载道，耗费了大量人力物力，但今天看来，这是我国古代劳动人民智慧和汗水的结晶，是中华民族的象征、人类文明的遗产。长城雄伟的身姿和深厚的文化底蕴令无数文人墨客为之折服，其在我国建筑艺术中占有不可动摇的地位。

汉武帝废黜百家独尊儒术，使儒家思想开始了对中国社会长达 2000 多年的思想统治。汉武帝时期的司马迁编写的《史记》是中国第一部纪传体通史。汉朝始设立乐府，这是专门负责搜集民间诗歌的机构，所整理的诗歌即为乐府诗，《孔雀东南飞》就是汉代末年的一首乐府诗。汉代还形成了一种新的文学体裁——赋。汉赋源于以屈原为代表的骚体诗，讲求文采、韵律，兼具诗歌和散文的特性。司马相如的《子虚赋》《上林赋》、张衡的《二京赋》都是千古名篇。书法上，隶书逐渐取代小篆成为主要书写字体，因东汉的蔡伦改进了造纸术，书法艺术得到了长足发展，不仅有了专门的书法理论著作，还出现了草书这一新的书法表现形式。从法度严谨的隶书到龙飞凤舞的草书，从字体的变化中可以看出这一时代人们对精神自由和张扬个性的追求。舞蹈方面，伎乐舞蹈的形式更加丰富，因开辟丝绸之路，西域的音乐舞蹈传入中原，胡舞热情奔放的表现形式深深影响着汉族舞蹈。除此以外，漆器、彩绘、铜镜艺术等在汉代均有了重要的发展。

7.1.3 魏晋风度

东汉后期各地势力割据，从三国到两晋，国家政权交替频繁，这恰好给了艺术发展肥沃的土壤。魏晋时期的文学、绘画、书法、舞乐、思想等都对后世影响深远。由于政治混乱，国家体制崩坏，人们对礼教产生怀疑，正统思想失去了约束力，士人们思想解放，试图摆脱儒家经典的束缚，探索创作的新天地。文学的作用不再是为了阐发经义，而是为了反映现实生活、展现个性、抒发感情。东汉末期，建安文学在此背景下发展了起来。它受到了汉初乐府民歌的影响，也受《诗经》《楚辞》《古诗十九首》等文学传统的影响。以孔融、陈琳、王粲、徐干、阮瑀、应玚、刘桢为代表的"建安七子"和曹操、曹植、曹丕（"三曹"）是其中的主力军，建安文学掀起了第一个文人诗歌创作的高潮。曹操是其开创者，不仅在政治上为一代枭雄，在文学上也是位大家。《蒿里行》中以"白骨露于野，千里无鸡鸣"描绘了战争带给百姓的灾难；《短歌行》中的"山不厌高，海不厌深，周公吐哺。天下归心"表现了他一统天下的决心；《龟虽寿》中的"老骥伏枥，志在千里。烈士暮年，壮心不已"写出了曹操老当益壮的决心。独占天下文才八斗的曹植，少有文才，他的代表作《洛神赋》《白马篇》《七哀诗》等情兼雅怨，风骨奇高，卓尔不群。

魏晋时期新兴的士大夫阶层远离官场、风流自赏、品性高洁。阮籍、嵇康、山涛、刘伶、阮咸、向秀、王戎作为其中的佼佼者，因为"常集于竹林之下，肆意酣畅，故世谓竹林七贤"。在文章创作方面，又以阮籍、嵇康为代表。阮籍的主要作品是五言《咏怀诗》，以象征、寄托的手法抒发他抑郁不得志的苦闷。嵇康的《与山巨源绝交书》是名传千古的著名散文，表达了他对世俗礼法的蔑视。其《幽愤诗》《赠秀才入军》等作品也较出名。

魏晋书法艺术也开创了一个新时代。汉隶章草衰微，楷书、行书渐为主流。三国时钟繇被尊为楷书鼻祖，他将隶书字形从扁平改为方正，其秀丽俊逸的风格为后人所推崇。而我们更熟知的是"书圣"王羲之及其代表作品，被誉为"天下第一行书"的《兰亭序》更是代表了这一时代书法艺术的最高峰。潇洒飘逸、错落有致、行云流水的字迹正反映了魏晋南北朝文人的那种风流倜傥、率真脱俗的气质和审美。

在绘画方面，魏晋南北朝以前，绘画虽已有千年历史，但是作品多为壁画、漆画、砖画，且没有署名落款。这一时期出现了纸绢卷轴画，新兴的士大夫阶层中有许多人拥有极高的绘画造诣。由于佛教的传入，人物成为绘画的主要对象，其他内容也日趋丰富。著名的有顾恺之的《女史箴图卷》《列女仁智图卷》《洛神赋图卷》。他画的人物重在传神，笔迹周密，画尽意在。

音乐方面有较高成就的人仍为嵇康。嵇康精通音律，尤善古琴，著有音乐理论著作《琴赋》《声无哀乐论》。他认为声音本身是没有情绪的，人们在听音乐后表现出的情感不是音乐的情感，而是人们自己的情感。相传嵇康早年曾到洛西游玩，夜宿月华亭，夜不能寝，起坐抚琴，灵动九天，打动神明，遂传《广陵散》于嵇康，更与嵇康约定：此曲不得教人。后嵇康为司马昭所害，临刑前复弹此曲，并慨叹："袁孝尼尝请学此散，吾靳固不与，《广陵散》于今绝矣！"

7.1.4 盛唐气象

唐朝是封建社会的鼎盛时期，社会安定、政治清明、经济发展、文化艺术高度繁荣。诗歌艺术在唐朝可谓鼎盛，成为历朝历代不可逾越之高峰。清康熙年间所编撰的《全唐诗》"得诗四万八千九百余首，凡二千二百余人"。按照时间阶段分，初唐时期的代表是王勃、杨炯、卢照邻和骆宾王等"初唐四杰"；盛唐时期"诗仙"李白和"诗圣"杜甫是两颗耀眼的双子星；晚唐又涌现了白居易、元稹、韩愈、柳宗元、刘禹锡、李商隐、杜牧等著名诗人。如果按照题材划分，孟浩然、王维等山水田园诗人，多描写自然优美、秀丽明快的田园风光；高适、岑参、王之涣、王昌龄等边塞诗人笔下，是一派雄壮豪迈、奇异壮美的异域风情；以李白为代表的浪漫主义诗人，将浪漫的理想、自由的胸怀、不羁的性格融入诗篇，开创了盛唐诗歌的最高境界；以杜甫为首的现实主义诗人，选择用诗歌展现他所处的那个由盛转衰时期百姓的艰辛、国家的动荡，将叙事、议论、抒情融合在一起，格律严整，沉郁顿挫，气势磅礴。

不仅是唐诗，散文等文学形式在唐朝兼容并蓄的环境下也得到了发展。"文起八代之衰"的韩愈，开创古文运动，提倡复兴先秦两汉的散文，打破只重辞藻不重内容的骈文僵化形式，强调要以文明道。魏晋南北朝时期，志怪小说刚刚萌芽，到了唐代，在篇幅、内容、形式上都有了很大进步，《莺莺传》《虬髯客传》《枕中记》《长恨传》等都是当时的代表作。

唐代也是书法艺术的鼎盛时期。唐太宗李世民喜爱书法，据说他去世后将王羲之的《兰亭序》带入陵寝，可见其对书法的钟爱。唐代著名的书法家有欧阳询、褚遂良、颜真卿、柳公权等。欧阳询的代表作《九成宫醴泉铭》笔力遒劲，神采饱满，字形修长，是后人学习楷书的范本。柳公权与颜真卿齐名，宋时范仲淹根据两位大师作品的艺术特点将之并称为"颜筋柳骨"。历史上还留下了柳公权"笔谏"的美谈。

唐代还是水墨画的发端时期。王维、张璪等人率先开始用水墨作画，创造了与以往绘画手法不同的艺术形式，并成为中国画的代表。水墨画的特点是通过轻、重、徐、急的笔法和烘、染、破、积的墨法，将水、墨、纸三者完美交融，呈现出景物的意象，让人产生无限的遐想。

王维有《辋川图》《雪溪图》《江山雪霁图》传世，但也有说是摹本或托名所作。郑虔、王墨、荆浩、关仝是这一时期绘画的代表。

唐朝盛世，万邦来朝，歌舞升平，音乐舞蹈中也处处体现那一时代的开放兼容。《新唐书》中记载，盛唐时，宫中掌管乐舞的太常寺有乐工上万人。后来，梨园成了唐玄宗亲设的训练乐工的机构。乐器上，自魏晋以来，陆续从边疆和国外传入了许多新乐器，如曲颈琵琶、五弦琵琶、筚篥、方响、锣、钹、腰鼓、羯鼓等。舞蹈上，既有优美舒缓的软舞，也有从西域传入的刚健有力的胡旋舞。《霓裳羽衣舞》《绿腰》《兰陵王》《秦王破阵乐》是这一时期的代表作。

在工艺制作方面，唐朝的陶塑作品上常常有黄、绿、蓝三种釉色，因此有"唐三彩"之称。常见的"唐三彩"陶器造型有马、骆驼、仕女和乐伎等，形象地描绘出了西域文化对唐朝人们生活的影响。中西方文化在唐时的交融，还有一个关于"时装"的例子。当时除了传统汉服外，达官显贵们尤其喜着圆领胡服，就像现在全世界流行在正式场合穿着西装一样。这些都是唐朝时期丝绸之路文化带的繁荣、中西方文明的交融在艺术领域的充分体现。

7.1.5 两宋风云

陈寅恪曾说："华夏民族之文化，历数千载之演进，造极于赵宋之世。"宋朝是中国历史上商品经济、文化教育、科学创新高度繁荣的一个时代。两宋在五代十国之后，版图虽不如盛唐，又有辽金外患，但宋朝民间的富庶与社会经济文化的繁荣实则远超过盛唐。

文学创作上词的出现，一是来源于唐代长短句，二是出于乐府，但不论哪一种，词的创作和流传都与音乐密不可分。宋朝有一大批优秀的词人，并分成了不同风格和派别。宋初的晏殊、宋祁、欧阳修等人继承晚唐遗风，所作小令婉转精致，清新绮丽，如宰相晏殊的《浣溪沙》：

一曲新词酒一杯，去年天气旧亭台。夕阳西下几时回？

无可奈何花落去，似曾相识燕归来。小园香径独徘徊。

柳永写了许多篇幅较长的慢词，将词的领域从士大夫的庭院深深引向了市井都会，"凡有井水处，皆能歌柳词"，这使宋词得到了广泛流传。苏轼是两宋文人中的集大成者，也是成就最高的文学家。刘辰翁说："词至东坡，倾荡磊落，如诗，如文，如天地奇观。"因为苏轼突破了宋词婉约绮艳的风格，使得词也可以用来叙事说理、抒情明志。他强化词的文学性，使词转变为一种与诗具有同等地位的独立抒情文体，不仅提高了词的艺术品位和文学地位，也使宋词发展进入鼎盛时期。两宋之间承上启下的周邦彦，女词人李清照，豪放派代表辛弃疾、抗金名将岳飞、善制曲的姜夔等人，都创作有脍炙人口的名篇，为宋词的发展做出了很大贡献。

念奴娇·赤壁怀古

苏 轼

大江东去，浪淘尽，千古风流人物。故垒西边，人道是，三国周郎赤壁。乱石穿空，惊涛拍岸，卷起千堆雪。江山如画，一时多少豪杰。遥想公瑾当年，小乔初嫁了，雄姿英发。羽扇纶巾，谈笑间，樯橹灰飞烟灭。故国神游，多情应笑我，早生华发。人生如梦，一尊还酹江月。

宋朝在瓷器制造上也是享誉海内外的，大大小小的窑厂不计其数，其中最负盛名的当属"五大名窑"——官窑、钧窑、汝窑、定窑和哥窑。据史书记载，"五大名窑"不仅工艺考究，而且各具特色：官窑的瓷器土脉细润，体薄色青，略带粉红，浓淡不一；钧窑土脉细，釉具五色，有兔丝纹；汝窑则胭脂、朱砂兼备，色釉莹澈；定窑以白瓷著称，并能制红瓷，其产品十分精致美丽；哥窑盛产青瓷，温润如玉，被誉为"千峰翠色"。

7.1.6 盛世余晖

封建王朝发展至明清时期，已是落日余晖，岌岌可危。尤其是清朝中后期，政治僵化，闭关锁国，文化专制达到了高潮。不过明清两朝在艺术方面还是有自己的独特之处的，小说便是其一。

此时出现大量以历史、神怪、公案、言情、市民日常生活为题材的长篇章回体小说和短篇话本、拟话本。中国小说史上的四大名著中的三部——《西游记》《水浒传》《三国演义》与小说《金瓶梅》都是写于明朝。"三言""二拍"是话本和拟话本的代表作。"三言"（《喻世明言》《警世通言》《醒世恒言》）每部 40 篇，共 120 篇，主要描写青年爱情故事以及平民市井生活，最著名的有《杜十娘怒沉百宝箱》《金玉奴棒打薄情郎》等。"二拍"（《初刻拍案惊奇》《二刻拍案惊奇》）真实地反映了当时世俗社会的生活风貌，鲜明地体现出明朝时普通文人争取个性自由的时代精神，它也是明朝写实小说的代表作。

清朝小说以曹雪芹的《红楼梦》最为著名。《红楼梦》的细节、语言描写继承和发展了前代优秀小说的传统。作者笔下的每一个典型形象，都具有自己独特的个性，并且他改变了以往《水浒传》《西游记》等一类长篇小说情节和人物单线发展的特点，在创造了一个雄浑完善的艺术结构的同时，又体现了自然舒适的艺术表达，使各种各样的人物活动于同一时空，并且使情节的推移具有整体性，因此它的存在是中国古典小说语言艺术的巅峰。此外，《聊斋志异》《儒林外史》和其他晚清小说也具有较大影响力。

国粹之一的中国戏剧艺术京剧是在清朝发展起来的。京剧的前身是徽剧，清代乾隆年间，南方的三庆、四喜、春台、和春四大徽班陆续入驻北京，后与来自楚地的汉调艺人合作，发生了中国戏剧史上重要的徽汉合流。同时，又接受了昆曲、秦腔的部分剧目、曲调和表演方法，通过不断地交流、融合，最终形成了京剧。京剧形成后在清朝宫廷内开始快速发展，同治、光绪年间，谭鑫培、汪桂芬、孙菊仙等京剧演员名声大噪。晚清画师沈蓉圃选取了当时 13 位著名的京剧演员绘制成《同光十三绝》，其是我们研究早期京剧重要的戏曲史料。

7.2 达·芬奇的密码

与东方的原始艺术相似，西方艺术的最早起源也是在石器时代。

第7章 艺　术

法国南部拉斯科洞窟壁画和西班牙的阿尔塔米拉洞窟壁画是目前所发现的最杰出的原始绘画作品。而新石器时代的艺术代表作主要是一座座巨石建筑，先人们用数吨重的巨石垒成各种几何形状用来进行某种祭祀或纪念，包括各种形态的石柱、石台、石栏等。英格兰南部的圆形巨石阵是典型代表。旧石器时代和新石器时代的艺术以绘画和雕塑著称，被称为史前艺术。

古代艺术一般指新石器末期到中世纪之前的艺术。根据地域不同，可以分为古埃及艺术、古印度艺术、古希腊艺术、古罗马艺术和古两河流域艺术（两河流域指幼发拉底河和底格里斯河之间的美索不达米亚平原区域，因此也称之为美索不达米亚艺术）。古埃及神秘的金字塔、威严的狮身人面像以及法老墓室里精致的陪葬品都是那一时期人们智慧与劳动的结晶。而古希腊文明及后继的古罗马文明一直影响着欧洲乃至整个世界。

古希腊最早在公元前2000年的时候生活着迈锡尼人。他们是当时地中海沿岸最强大的部落之一，建造了宏伟的宫殿。之后迈锡尼部落衰落，古希腊出现了许多个敌对城邦，其中最著名的是雅典和斯巴达。二者都拥有广阔的领土，但一个是民主政治，一个是寡头政治。雅典历经梭伦、克里斯提尼和伯利克里改革，建立了较为完善的、由男性公民参与的、权力制约的、崇尚法律的城邦民主制度。在这一制度下，雅典的政治、经济、文化思想迅速得到发展。如果你是古希腊雅典城邦的一名成年男子，清晨，你将身着多利亚式希顿（一种古希腊服装）走在街道上。道路两旁有各种各样的手工作坊，穿过繁忙的市场，你去拜访一位朋友。在朋友家中，你们一边喝着葡萄酒，一边讨论着各自的哲学观点，并在午后一起去观赏戏剧。散场后，你们商量着第二天要召开的公民大会将讨论怎样的问题。傍晚在公共浴室洗过澡后，你们挥手告别，各自回家。

这一时期诞生了许多智者和艺术家。其中，"古希腊三贤"苏格拉底、柏拉图和亚里士多德尤为著名，他们是西方哲学的奠基人。在苏格拉底之前，古希腊哲学主要研究宇宙的本源和构成等问题，此为"自然哲学"。而苏格拉底开始重视研究人类的伦理问题，如正义和非正义、勇敢和怯懦、真实和虚伪、智慧和平庸以及国家的本质等。他还将自己比作一只牛虻，是神赐给雅典的礼物。因为雅典好像一匹骏马，但由于肥胖导致的懒惰，它变得暗沉和昏昏欲睡，所以需要有一只牛虻不断叮咬它，随时随地责备它、劝说它，这样它就能从困倦中醒来并恢复活力。对于哲学家的定义，苏格拉底认为：哲学家的定义应该是热爱智慧的人，而不是有智慧的人。后人称苏格拉底的哲学为"伦理哲学"。他开辟了一个新的哲学研究领域，使哲学"从天上回到了人间"。

柏拉图是苏格拉底的学生，也是客观唯心主义的创始人。柏拉图继承并发展了苏格拉底的学说，写下了许多哲学的对话录，比如著名的《理想国》。在理想国中，公民分为治国者、武士、劳动者三个等级，治国者均是德高望重的哲学家，因为只有哲学家才具有完美的德行和高超的智慧，可以按理性的指引去公正地治理国家。全体公民从小就要接受音乐、体育、数学及哲学的终身教育。在他的对话录中，有很大篇幅讨论了什么是美、审美主体问题、文艺的功能和诗人的灵感等，但还未构成严谨的体系。柏拉图的学生，也就是"吾爱吾师，吾更爱真理"的亚里士多德，构建了系统的美学理论。他开创了修辞学，并撰写了《修辞学》一书，认为修辞是辩证法的相对物，辩证方法是找求真理的要素，用修辞方法来交换真理。他在《诗学》中探讨了艺术和悲剧的结构分法，从哲学高度上总结了古希腊艺术的发展规律和创作原则，高度肯定了艺术的社会功能，具有深刻的艺术哲学思想。

这一时期《掷铁饼者》《米洛斯的维纳斯》等艺术作品代表了古希腊人不凡的审美追求和高超的艺术水平。古罗马人继承了古希腊人的衣钵，古罗马角斗场、君士坦丁凯旋门、庞贝城和万神庙是其标志性建筑。被火山灰掩埋的庞贝古城，出土了大量的壁画，不仅反映了庞贝经济的繁荣，也展现了古罗马绘画艺术的精美。

西罗马帝国的灭亡使欧洲陷入了"黑暗的中世纪"。所谓中世纪一般指5～15世纪，在这长达一千年的历史中，欧洲国家的战争仍在继续，整个欧洲大陆一直处于分裂状态。昔日的文明古国成为一片废墟，田野荒芜，杂草丛生，满目疮痍。基督教会已成为封建统治者的工具，最有力的一个证据是"丕平献土"。丕平是当时法兰克王国的宫相和实际掌权者。此时，东罗马帝国已无力为教皇提供保护，于是教皇想与当时比较强大的法兰克王国结成政治和宗教联盟。但丕平告诉教皇，国家大事都是身为宫相的自己决定的，国王只是负责签名。教皇听到此言马上表示："谁为法兰克操劳，谁就是它的主人。"751年，教皇为丕平举行了加冕仪式。丕平则用两次对意大利的战争作为回报，并将夺到的意大利中部土地（包括古罗马周边区域）送给古罗马教皇，史称"丕平献土"。

就这样，国王和教会的关系发生了微妙的变化，教权开始凌驾于王权之上，古罗马教皇不仅成了西方的精神领袖，而且是意大利的一个世俗君主，统管人神两界。教皇利用宗教来钳制人民的思想，老百姓不允许有自由的信仰和思想，否则就会被视为异端，而教皇对于异端的惩罚是异常严酷的。人民生活在奴隶主和教皇的双重压迫下，饱受战争、宗教、劳役和苛捐杂税的折磨，民不聊生，更无心追求美与艺术。教会几乎垄断了所有的知识，虽然这一方面不利于知识在民间的传播与更新，但是从另一方面来看，它在保存知识方面也起了一定的作用。修道院在社会动乱之际收集古代和现存的知识，维持初级教育并传播一些有用的手艺。北方的修道院，如英国和爱尔兰，也都研究神学和世俗科学。修士们认为，体力劳动是精神生活中不可或缺的一部分，因此有许多农业技术还有农业器具的革新都是来自修道院。法兰克王国加洛林王朝的统治者查理大帝曾邀请英国著名修士阿尔昆前去协助其发展文化。难怪木心会说："中世纪欧洲文学好比一瓶酒。希腊是酿酒者，罗马是酿酒者，酒瓶盖是盖好的。故中世纪是酒窖的黑暗，千余年后开瓶，酒味醇厚。"

而文艺复兴，就是开启"酒瓶"的关键时刻。这是一场资产阶级的新文化运动，起源于14世纪的意大利，并逐渐扩展到整个欧洲。文艺复兴想要"复兴"的是古希腊和古罗马令人神往的艺术及自由畅飞的思想，但并非古典文化的简单再现，而是资产阶级在意识形态方面的反封建斗争，这有些托古改制的味道。如此说来，文艺复兴并不能概括这场运动的全部，不过，"文艺复兴"的概念在14～16世纪时已被意大利的人文主义作家和学者所使用，并被世界各国沿用至今。

这场运动的起源有其必然的政治经济因素。随着社会生产力的进一步发展，特别是随着手工业产品的增加和海运的繁荣，以自由交换为特征的商品经济模式和经济结构将不可避免地与中世纪的城市手工业和贸易体系相冲突。新的经济活动不仅要充分发挥个人才能，还要建立互利的贸易体系，这将不可避免地导致财富的集中和资产阶级的"登堂入室"。资产阶级和新贵族开始反对封建贵族的特权与分裂。在与资产阶级和新贵族结盟的基础上，英国和法国的封建君主建立了"新君主政体"，加强了政治集权，促进了重商主义的发展，通过奖励文化创新，有效地促进了民族国家的发展。

除此之外，文艺复兴的产生还有其历史上的契机。14世纪欧洲大瘟疫的出现和黑死病（鼠疫）的发生就是第一个契机。1348年，一场严重的鼠疫使欧洲人口减少了1/3。由于科学技术的落后，人们不知道致病的原因是什么，以为是上帝惩罚人类。城市里的猫被当作厄运的象征，被要求处死，无辜的百姓被指控传播疾病而被教士烧死。意大利作家乔万尼·薄伽丘亲身经历了这场瘟疫，他在其小说《十日谈》中不仅真实地描述了瘟疫的可怕场景，而且暗示了人们思想观念的转变："这场瘟疫不知道是受了天体的影响，还是威严的天主降于作恶多端的人类的惩罚，它最初发生在东方，不到几年工夫，死去的人已不计其数，而且眼看这场瘟疫不断地一处处蔓延开去，后来竟不幸传播到了西方……虔诚的人们有时成群结队，有时零零落落地向天主一再作过祈祷了，可是到了那一年的初春，奇特而恐怖的病症终于出现了，灾难立刻严重起来。"

死亡使人们的心灵受到了强烈的震撼，人们发现上帝并不是万能的，否则自己的苦苦祈祷为什么会换来更多的亲人死去呢？人们对于信仰与自身所处地位产生深深的怀疑与不满，这种感情进而演变为对整个社会不平等制度的痛恨与反抗。另外，人们在由黑死病所导致的大面积死亡中，对生命价值有了新的体会和感悟。幸存者从他人的死亡恐惧之中感受到了生命的脆弱和不堪一击，既然人生如白驹过隙，不知道明天和意外哪个会先到来，那么何不自我珍惜及时行乐呢？于是不失时机地追求现世享乐便成为人们的生活信念，歌颂人生、申扬人权成了新的社会观念。

第二个契机是古代文化典籍的重新发现。14世纪末，奥斯曼帝国开始武力东扩，东罗马帝国的大量艺术珍品和文学、历史、哲学等书籍被逃难的人群带往西欧。也有人说这是十字军东征带回来的纪念品，最初藏在教堂的地下室，后被人发现并开始传播。从古代文化典籍中，学者发现古希腊人已经有了对人自身的丰富的认识。人本主义思想在古希腊时代就已盛行，而长期以来被教廷作为绝对真理信奉的上帝并不存在，"天堂"也不过是虚无缥缈的东西。人们意识到，西方世界原本就存在着人文土壤，人性的种子沉睡了千年，到了该觉醒的时候了。

第三个契机是地理大发现和环球航行的成功。《马可·波罗游记》对富庶的东方进行了详尽的描述，激起了欧洲人对东方财富的热情。加上西欧商品经济迅速发展，对货币的需求量剧增，西欧各国亟须寻找一条新的航海贸易路线，以加强与东方的直接贸易。地理大发现和环球航行的成功为口渴难耐的欧洲资产阶级送上了一口清冽的甘泉，进一步促进了资本主义生产关系的发展。

就这样，对神本主义的质疑和人本主义的觉醒，将人们从宗教神学的束缚下解放出来，人的价值、人的尊严被提到了绝对高度。就好像潜水时从幽暗的海底上浮到海面，人们终于可以大口呼吸新鲜的空气，周围的一切都开始亮得发光。

"文学三杰"和"美术三杰"是文艺复兴时期最璀璨的明星。但丁被誉为意大利文艺复兴时期最伟大的诗人。恩格斯评价他说："封建的中世纪的终结和现代资本主义纪元的开端，是以一位大人物为标志的，这位人物就是意大利人但丁，他是中世纪的最后一位诗人，同时又是新时代的最初一位诗人。"他的一生著作颇丰，其中最负盛名的无疑是《神曲》。文中作者来到地狱、炼狱、天堂等死后世界中，针对中世纪文化领域的成就和一些重大问题与曾经的著名人物展开对话，从中瞥见了文艺复兴时期的人文主义之光。在这部超过 14 000 行的史诗巨著中，但丁坚决反对中世纪的愚民统治，批判旧世纪人物的邪恶，歌颂灵魂的美丽和光明，表达了他对追求真理的坚持。彼特拉克是一位意大利学者、诗人，也是文艺复兴时期的第一位人文主义者。他的抒情诗是在继承普罗旺斯骑士诗歌和意大利"温柔的新体"诗派爱情诗精髓的基础上创作的，并形成了自己的风格。其特点是格调轻盈、韵味隽永、善于借景抒情，达到了情景交融的境地，为欧洲抒情诗的发展开辟了道路，因此人们将西方的"诗圣"头衔冠于其上。

而"美术三杰"则是达·芬奇、米开朗琪罗和拉斐尔。达·芬奇被称为"文艺复兴时期最完美的代表"，他在多个领域都有所建树，但最大的成就无疑是在绘画艺术领域，如《蒙娜丽莎》《最后的晚餐》《岩间圣母》……他认为人体是大自然所创造的最奇妙作品，以人为对象的绘画应是该艺术的核心领域。与达·芬奇一样，米开朗琪罗也在绘画、雕塑、诗歌和建筑领域都有过不凡的成就，而其雕塑作品则代表了文艺复兴时期雕塑艺术的最高水平。《大卫》塑造了一位英姿飒爽、面容英俊、眼睛炯炯有神的青年，米开朗琪罗从中表现出了文艺复兴时期特有的人文主义思想，这种对人体的直观赞美使人们可以明显感受到暗无天日的中世纪桎梏已被击得粉碎。"三杰"中的拉斐尔只度过了短短37个春秋便英年早逝。他刻画的人物柔和、饱满，在其圣母系列作品中，他的画作将传统意义上充满神圣气息的圣母玛利亚迎下神坛，拉入世俗生活，其中洋溢着幸福与欢愉，更体现了丰富的人文主义色彩。

在建筑方面，佛罗伦萨的圣母百花大教堂，是文艺复兴时期第一座伟大建筑，三色壁砖勾勒出了它威严的形象和挺拔的身姿。它以仿自罗马万神殿的圆顶而驰名，瓦萨里的穹顶画《末日审判》绘于其上，大厅墙壁则是同样著名的《乔凡尼·阿古托纪念碑》和《但丁与神曲》。穹顶之精美壮观连米开朗琪罗也自叹不如，他曾说："我可以建一个比它大的圆顶，却不可能比它美。"圣母百花大教堂的建造充分体现了文艺复兴时期艺术家的自由、创造和觉醒。

文艺复兴时期创造的大量精湛的艺术品及文学杰作，是人类艺术宝库中无价的瑰宝。文学、绘画、雕塑、建筑或者音乐、艺术作品中的人文主义精神都是这一时期艺术创作的共同点。反对禁欲主义，主张人性解放；反对神学权威，主张人权自由；反对蒙昧无知，提倡科学文化……人们歌颂人性美、人文美、人体美，圣母化为人间的女子，日常生活成为艺术的来源，解剖、透视等科学也第一次与艺术结合。人们开始进入一个崭新的时代。

前沿思考

从中国古代的琴棋书画，到近代西方的文艺复兴，艺术长河生生不息，川流不止。它从不同民族的土地上穿过，或蜿蜒曲折，或一泻千里，或波浪滔天，或水平如镜；它在不同文化的躯体里奔流，从心脏到指尖，从脑干到脚底。曾有人问毕加索："什么是艺术？"毕加索的回答耐人寻味："什么不是艺术？"但是在19世纪初，黑格尔曾断言，艺术的黄金时代已经过去，古典时代的结束意味着艺术已经丧失了真正的真实和生命。本章我们所谈及的，也都是中外古典艺术，但并不代表现代艺术是古典艺术的终结。有人说古典艺术建立了人们对美的概念，现代艺术却是向丑出发。虽然美与丑的定义比读者心中的哈姆雷特还要多得多，但无疑现代艺术与生活的界限已不再那么清晰。不仅是生活，艺术与科学的整合似乎也是目前的趋势。李政道曾经将艺术与科学比作一枚硬币的两面，它们都追求深刻性、普遍性、永恒和富有意义。达·芬奇就曾坦言自己最大的成就不是绘画而是科学创造。爱因斯坦认为方程式的美与绘画雕塑的美并无二致,自然在它的定律中向物理学家展示着美。而现代艺术,也是在光学和摄像技术的影响下发展起来的。所谓的"艺术之死",或许更多的是向死而生。

第 8 章
CHAPTER EIGHT

来自何方，归向何处
——人类的哲学拷问

为什么会存在哲学？我们希望运用哲学来提出并解释一些根本性的问题，从而解决人类社会中的一系列基本问题。其一，自然与人类社会的关系是什么？其二，作为个体的人应如何面对集体的社会？其三，在未来寻找"真理"之路时，我们会有什么期待？让我们一起领略哲学的智慧，并探索新的哲学之道。

8.1 与神灵的对话

仅仅以抽象的方式谈论"哲学"就像小孩子过家家，因为真正的哲学是先贤在追求智慧的活动中逐渐塑造而成的。因此，脱离历史背景来探讨哲学是虚无缥缈和刻板武断的。要想回答哲学是什么，就要追溯哲学的起源。

西方哲学起源于将整片爱琴海抱于怀中的古希腊，而古希腊哲学则起始于奥林匹斯山上的神话。诞生于众神目光下的古希腊哲学送走了神话时代，迎来了哲学时代，随着"自然主义"思潮的蔓延，似乎宙斯、哈迪斯、雅典娜、阿波罗等诸神的威仪慢慢淡出了人们的视野。但事实上，神话和哲学两者之间始终保持着血脉联系，人类在探索自然主义的同时，也从来没有放弃过对于"神"的信仰。因为究其根本，二者都来自人类的好奇心——我们来自何方？我们归向何处？

古希腊神话中把神的行为看作操纵世界事务的背后的原因，这种逻辑方式包含了以下两方面的思想框架：一方面，我们如今所感知到的世界，一切的起始因素都不存在于此世界之中，而存在于此世界之外，这就暗示着此岸世界与彼岸世界的区别；另一方面，通过叙事隐喻的方法，描述导致此岸世界各种事件发生的原因源于彼岸世界。显然，后来的哲学便继承了这种被神话拟定的思想框架，这就成了古希腊哲学中形而上学思辨的前提条件。古希腊哲学与古希腊神话在根本上也许并无很大区别，古希腊哲学只是以上神话思想的框架下，对古希腊神话非物质遗产加以了理性化的改造和操作，从而把宇宙人生等的起因或本源归结为某种物质或者某种秩序，然后用哲学取代诸神的随意行为或者诸神偶然的、任意的激情罢了。正因为此，古希腊哲学中的物质概念和秩序概念便都在揭示着宇宙万物的本源。亚里士多德的"四因说"便是为了说明事物运动的原因：一为质料因，二为形式因，三为动力因，四为目的因。这种四位一体的哲学思想从物质的本质、物质的形式、推动作用和指向作用四个方面全面地阐释了他自己对事物运动的理解。

"从神话到逻辑"的转变并不是靠内心顿悟发生的，哲学的起源是没有明显的边界限制的。小亚细亚半岛的米利都、科罗封和以弗所这样的港口城市是狭义上哲学的发源地。早期的思想家、后来的哲学家不仅仅是哲学的先驱，也是自然的探索家，他们认为世界应该是一个有序的整体，其秩序可以被认识。一方面，探索宇宙的本源是古希腊哲学的基本问题；另一方面，追根究底的思辨是古希腊哲学的基本思维方式。因此，我们对于古希腊哲学脱胎于古希腊神话的历史意义，必须辩证地进行分析。古希腊的自然哲学家，早期有米利都学派的泰勒斯、克塞诺芬尼、毕达哥拉斯等。

8.1.1　米利都派自然哲学

其实泰勒斯对自然的朴素的研究（其实也可称为科学研究）早就开始了，同时米利都派的几位学者，对自然的研究大部分也是朴素的猜测。泰勒斯认为，磁石是有灵魂的，而且灵魂分布在整个宇宙之中。阿那克西曼德则认为，地球是悬立在空中的，月亮的光是月亮本身所固有的，而太阳则位于整个宇宙最亮的地方。他还猜测，人是由鱼变来的。而阿那克西美尼认为，太阳、月亮和星辰都是由大地产生的；星辰是固定的，就像水晶上的钉子一般。这类认识在当时符合一般的聪明人猜测。

人们之所以称泰勒斯等人为哲学家，是因为他们研究了世界之本源的问题。泰勒斯认为世界的本源是水，阿那克西曼德认为其是"无限"，而阿那克西美尼则认为世界的本源是气。

8.1.2　克塞诺芬尼的归谬法

克塞诺芬尼用归谬法来说明神是不可能出现的，但他也曾表示，如果存在是从不同种类的东西中产生的，那他就是从不存在的东西中诞生的。这好像无法证明"有"不能产生于"无"。他在《论自然》中说："有一位唯一的神，他是神灵与人类之中最伟大的；他无论在形体上还是思想上都不像是凡人……神是全视、全知、全听的……（神）不费吹灰之力地以他心灵的思想力左右世间的一切。"正是因为克塞诺芬尼的这种观点，许多后世的西方哲学家将其视为有神论者。而需要注意的是，克塞诺芬尼口中的"神"，并不是人们主观臆造、独立于客观物质世界之外的精神实体，如古希腊神话中的众神以及后来《圣经》中唯一的真神耶和华，他所指的"神"是客观物质世界本身——宇宙。

8.1.3 作为哲学家的毕达哥拉斯

在前面我们提到过毕达哥拉斯，他也是古希腊那个大师辈出的年代里一颗璀璨的星辰，他的数理思想福泽后世。而他在哲学方面也颇有造诣，苏格拉底、柏拉图等后来的殿堂级大师都受到了他的影响。他力求遵从一种神性的世界秩序，借此把科学–哲学知识与道德–宗教的生活方式结合在一起。从他开始，古希腊哲学中开始产生了数学的思维模式。毕达哥拉斯学派在两个世纪里成为最有影响力的团体，不仅包括了哲学家，而且包括了数学家、自然研究者。此外，该学派的成员还囊括医生、音乐家、立法者、雕刻家、诗人和著名运动家等多种职业人员。

8.1.4 智者学派

智者学派重新树立了哲学家的另一种典型——"大众启蒙者"——既博学又具有批判性的知识分子。智者学派不像先前的大部分哲学家以及柏拉图一样出身贵族，因而他们实行收费服务。其中最著名的是普罗泰戈拉，他有一个著名的哲学命题，就是柏拉图在《泰阿泰德篇》中描述的："人是万物的尺度，人是存在的事物所存在的尺度，也是不存在的事物所不存在的尺度。"因此，没有客观真理。一切都只是人的一种感觉，所以感觉就是知识。事实上，从"人是万物的尺度"出发，无论经过怎样繁杂的思维过程和独辟蹊径的逻辑框架，最终都只能得到"感觉即知识"这一结论。他还认为，每个问题都有相互对立的两面,也就是说,每个问题都可以找出正面和反面两种道理。虽然这种哲学思想看起来似乎很"辩证",很有道理,但它其实是一种"诡辩论",因为虽然我们分析问题要看正反两面,但是任何问题都是有重点的,只有通过正确的价值观判断其重点为何,才能正确解决问题。若是将这种理论引用到人事、法律和政治上,那就无是非可言了。

在西方哲学史上,普罗泰戈拉第一次强调了人的主观能动作用。这表明古希腊人的思想开始从探索神秘宇宙转向探索人类社会与人类自身,这具有十分巨大的进步意义。在理论上,智者学派的成员们提高了"人"在对自然、社会、政治、法律、道德、人类社会形态和规则等理解中的作用;在实践上,他们推进了奴隶制民主政治。智者学派在研究政治法律、人际关系、伦理规范等问题上独树一帜,特别是其倡导的人文主义思想,至今仍闪耀着璀璨的光芒。

在经历了长达两个世纪的前苏格拉底时期后,哲学思想在雅典迎来了一个高潮时期。以西方哲学的典范苏格拉底、柏拉图和亚里士多德为代表人物。

8.1.5 苏格拉底

苏格拉底早在2000多年前就提出了"知识即美德"的思想,他强调人们在现实生活中所达到的所有目的都和道德相对,只有探求普遍的、绝对的善,才是人们最高的生活目的和美德。苏格拉底认为,人必须先有道德的知识才能保存道德的灵魂,无知是一切不道德行为的源泉。人们若想拥有智慧、勇敢、节制和正义等美德,就需要摆脱物质的欲望和经验的局限,并获得概念层面的知识。苏格拉底还提出了"肉体易逝,灵魂不朽"的思想。他反对智者的相对主义,认为可以存在各种"意见",但只能有一个"真理";"意见"可以随个人以及其他条件的变化而变化;"真理"却是永恒的、不变的。早期柏拉图所讨论的主题几乎都是关于定义道德的。苏格拉底所追求的,是要求认识"美丽自身"和"正义自身"。而在柏拉图看来,真正的知识也就是"美的观念"和"正义的观念",这是西方哲学史上"理念论"的原始形式。苏格拉底还指出,自然界的因果是无穷尽的,因此若是只追求这种因果,就不可能认识事物的本源。他认为"善"是事物的最终原因,也是其目的来源。目的论取代因果论为后来的唯心主义哲学开辟了道路。

苏格拉底在死亡前后都有着大量的崇拜者,他的行为与智慧由其学生柏拉图和色诺芬记载并装订成册。如《论语》一样,以苏格拉底和他人对话为内容的著作也流传至今。苏格拉底时代的人曾这么形容他,说他是那个时代他们所认识的人中最勇敢、最有智慧和最正直的人。尼采称苏格拉底拥有西方哲学家中最优秀的灵魂。英国著名哲学家、思想家约翰·密尔称苏格拉底的哲学的光辉会照遍整个知识的长空。但遗憾的是,苏格拉底之后的西方思想家,都只能局限在哲学思维的层面了。

8.1.6 柏拉图

柏拉图是客观唯心主义的创始人,他继承和发展了他的老师苏格拉底的概念论,并融合同时代的巴门尼德存在主义,建立了一个以理念论为核心的哲学体系。他的理念论带有浓厚的宗教色彩和神秘主义因素,因为这一理论承继的是旧氏族时代"因袭"的观点和思想方式。柏拉图的著作不仅跻身世界哲学名著之列,也是世界文学中的经典。其《斐多篇》《国家篇》《会饮篇》,还有《申辩篇》《克拉底鲁篇》《普罗泰戈拉篇》《蒂迈欧篇》,都是世界历史上赫赫有名的篇章,从诞生至今，都对人类思想和智慧的形成有着巨大影响。

8.1.7 亚里士多德

亚里士多德堪称古希腊哲学的集大成者，他是柏拉图的学生，他说过，"吾爱吾师，吾更爱真理。"他被马其顿国王亚历山大大帝尊为老师，创作过传世名作《政治学》。作为一名百科全书式的科学家，他的学科涉猎范围非常广泛。而在科学与哲学前进的道路上，他的主要成就分为三个方面：理论科学，创建了第一哲学，包括神学、本位体、逻辑学；对数学的贡献包括纯理算术、几何，以及应用上的星占学、声学。实践科学，包括伦理学、政治学。创作科学，包括修辞学、手工艺、文学创作、医学等。

柏拉图的客观唯心主义是亚里士多德思想的主要源泉，他既注重理念，又注重事实，通过两者的充分结合，他创立了庞大的哲学体系。亚里士多德在意识与事物、普遍与个别之间建立起联系，而这种联系的关键就是有目的的发展，这使得辩证法特别是"一"与"多"的辩证关系在西方哲学史上第一次得到了系统化。

公元前 322 年，这位伟大的思想家停止了思想。古希腊文化在 800 年的时光内逐渐与古罗马文化相结合，纯粹的古希腊哲学渐成过去。由于古希腊城邦衰落，在后古典时代的各"希腊化"学派的内部，个人对幸福的追求远高于政治天性的思想，包括伊壁鸠鲁、古典怀疑主义、斯多亚派、新柏拉图主义等。随着历史的发展，古希腊哲学所阐述的各种思想都出现了新发展。14 世纪上半叶到 16 世纪末期，从中世纪向近代过渡的这段时期被称为文艺复兴时期，它的主要思想主张就是恢复古代的教育理念，将教育重新导向自由的人性方向。文艺复兴运动不仅将哲学从教会的桎梏中解救出来，还使得其从创造性已然失之殆尽的大学中脱离出来。

8.2 "真理"的出现

16～17世纪，自然科学家不断寻求新的发现，虽然政治动荡不断，但哲学家仍在不断积极寻找"新大陆"，并且偏向理性主义和经验主义的探索。在理性主义与经验主义的两个方面，都产生了普遍统一的科学思想。两者的主题都是从探索"真理"出发，寻求人类精神的自由、自然的科学规律以及与此相关的问题等。

8.2.1 培根

开启新纪元的是弗朗西斯·培根，他最大的哲学贡献在于提出了唯物主义经验论的一系列原则，制定了系统的归纳逻辑，马克思、恩格斯称他是"英国唯物主义的第一个创始人"。

培根对古希腊理性控制下的自然哲学研究进行了深刻的方法论批判。他认为，从来没有人以人的感官本身为出发点开创认识论。这主要表现在：首先，依赖前人的看法和意见进行冥想；其次，借助拥有既定原则和原理的逻辑研究事物；最后，荒唐地归于信仰。经验主义者所谓的"经验"不过是"脱缰之马"，是一种随心所欲、漫无定向的经验。在他的著作《新工具》中，他系统地论述了一种收集和整理分析第一手经验的方法——归纳法，开创了一种探索自然的新方法。归纳法的出现正如前行的路人掌有火炬一样，扫除了经验之路上的阴霾和黑暗。

8.2.2 笛卡儿

笛卡儿因其将几何坐标体系公式化而被称作"解析几何之父"。他与前文介绍的培根一同掌舵，使得近代西方哲学的认识论这艘巨轮开始转舵。他是"二元论"的代表人物，留下了我们熟知的名言："我思故我在。"此外，他还提出了"普遍怀疑"的主张。他被黑格尔称为"近代哲学之父"，其哲学思想融唯物主义与唯心主义于一体，深深地影响了之后的几代欧洲人，开拓了所谓的"欧陆理性主义"哲学。无论是对几何学的贡献，还是在哲学领域的思想，他都足以跻身17世纪欧洲哲学界和科学界最有影响的巨匠之列，不愧为"近代科学的始祖"。

8.2.3 洛克

洛克关于"本体论"以及自我的理论思想影响了大卫·休谟、让-雅各·卢梭、伊曼努尔·康德等后世多位哲学家。洛克提出了著名的"白板"假设，明确指出人生下来不带有任何记忆和思想。在知识论方面，洛克和贝克莱、休谟并称为英国经验主义（British Empiricism）的代表人物，他认为统治者只有在获得被统治者的同意，并且保障其生命权、自由权和财产权等自然权利的前提下，其统治才是正当的。洛克甚至认为，社会契约只有在获得人民的同意后才成立，否则人民就有权推翻政府。洛克的思想对后世政治哲学的发展影响巨大，他被视为启蒙时代最具影响力的思想家和自由主义者，其理论被反映在了美国的《独立宣言》上。

8.3 中国智慧

古希腊哲学是以米利都学派的泰勒斯为开端的，而中国哲学的开端是以春秋末年的孔子和老子为开篇的，他们将人类对世界的认识提升到了理性的高度。无论是古希腊还是古代中国，哲人的关注点从来没有离开过对宇宙本源的思考，继而形成了各自的世界观。关于世界的本源，古希腊先后经历了"水""数""火""原子"等，古代中国则始于老聃的"道"、孔丘的"易"以及阴阳家口中玄乎其神的"气"等。与古希腊哲学家将"本源"定位为某种物质不同，古代中国人则展现了强大的抽象思维能力，将万物的起源归为阴阳或刚柔等关系的相互作用，其中比较著名、流传至今的还有阴阳家发展的五行说。有学者概括称，中国的哲学是"道"，古希腊的哲学是"逻各斯"，印度的哲学是"如如"。

8.3.1 先秦·诸子百家

古代哲学，本来有六家之说，就是儒、墨、道、法、阴阳和名家。其中影响比较大的当然是儒、墨、道、法四家了。一般认为，古代中国成体系的哲学始于道家。道家也曾关注过自然和自然哲学，并提出了万物的本源是"道"。《道德经》有载："道生一，一生二，二生三，三生万物，万物负阴而抱阳，冲气以为和。"

《庄子·天运》也记载了一系列古人关于自然的疑问："天其运乎？地其处乎？日月其争于所乎？孰主张是？""风起北方，一西一东，在上彷徨，孰嘘吸是？孰居无事而披拂是？敢问何故？"这一表述事实上在那个时代已经超前地抛弃了对神的崇拜，迫不及待地想得到新的解释。《庄子·寓言》中还有庄子关于生物进化的论断："万物皆种也，以不同形相禅。"庄子认为生物的进化都是自生自化，并没有什么"神力"主宰。但有趣的是，庄子老先生虽然看破了以神创论为代表的客观唯心主义的假象，但却陷入了"梦蝶"的主观唯心主义之中，也算是怡然自得。

孔子的儒学支配了自汉武帝起的几乎整个封建时代，但对自然的探讨是最少的。孔子一生都在为"复周礼"而努力，强调和宣扬的是以"仁""礼"为核心的伦理哲学体系。根据性善论，孟子提出君王施政应该采用"仁政""民贵君轻"的思想，并没有将自然现象和规律纳入其思考范畴。

与孔孟恰恰相反，荀子认为"人性本恶"，在此基础上提倡"礼""法"并重。他虽然承认自然规律的存在，提出"制天命而用之"，但是也认为，"大巧在所不为，大智在所不虑。"就是说，人们只需要遵循基本的自然规律而不必深究。

墨子所创立的墨家，是最有可能促成近代科学种子萌芽的学派。它与儒道学派的主张完全不同，它试图创建一个纯粹的认识论和逻辑体系，这种不具杂念的单纯理论思维是"百家争鸣"中的其他各家所不及的。

8.3.2 宋·理学

横渠先生张载在对《周易》的解读中，提出："为天地立心，为生民立命，为往圣继绝学，为万世开太平。"四句话言简意赅，包容天地又抒怀志向，被后世无数读书人当作修身警句不断传颂。另外，他还有着渐变改革的政治主张，并且划清了研究中主观与客观的界限。张载在描述事物矛盾运动一般过程时，提出了"有象斯有对，对必反其为；有反斯有仇，仇必和而解"的著名论断，他认为万事万物皆有阴阳，既对立又统一，此消彼长，刚柔相济。

随着中国改革开放的不断深入和对外学术交流的不断扩大，西方越来越多的学术理论和话语体系以各种各样的形式被引入中国，不仅与中国本土既有的知识体系碰撞产生灿烂的思想火花，而且两者在相对包容的环境中融合，进而产生了深邃的理论旋涡。但不得不承认实际存在的学术话语体系"西强我弱"的情况，因此，加快构建中国特色哲学社会科学学科体系、学术体系、话语体系等关键工作的开展和进行已经刻不容缓，不断增强我国哲学社会科学的国际影响力。所谓哲学上的创新实践，就是为了获得新的知识创新成果，并将成果运用到指导社会和国家的实践中去。

前沿思考

恩格斯指出："推动哲学家前进的，决不像他们所想象的那样，只是纯粹思想的力量。恰恰相反，真正推动他们前进的，主要是自然科学和工业的强大而日益迅猛的进步。"自然科学的每一次进步和发展都离不开科学的理论指导，而人类的思想根基离不开自然科学的进步和发展。哲学的发展相比于社会的发展是缓慢的，因为只有经历了具体的社会发展，才能总结出该时代的哲学，所以自然科学知识创新实践是哲学的直接源泉。在自然科学知识的基础上，推动实践哲学的发展是当今哲学发展的关键选择，凸显了实践哲学的重要意义。更进一步，不仅需要在此基础上构建超越实践哲学传统的马克思主义实践哲学理论体系，而且需要我们对哲学本质的历史转换进行深入探讨，明确现代西方哲学中实践哲学的转向趋势。

第 9 章
CHAPTER NINE

个人行为与集体理性
——现代经济学的发端与发展

本章系统阐述了经济学起源、发展、成熟等不同时期的发展类型以及未来的发展趋势。目前，搞研究和学问强调多学科的融合发展与互相交叉，本章从经济学和心理学之间的互涉入手，将实验经济学与行为经济学相结合，得到两者之间的联系，并介绍了各个年代的经典经济学思想和学派，从不同视角考察一国生产力的发展。

9.1 关于《国富论》的思考

英国经济学家、哲学家亚当·斯密的经济学专著《国富论》第一次出版于1776年，即资本主义发展初期，在英国工业革命以前，全名为《国民财富的性质和原因的研究》（*An Inquiry into the Nature and Causes of the Wealth of Nations*）。该书对近代初期各国资本主义的发展经验进行了总结，对当时很多重要的经济理论进行了批判性的吸收，系统性地描述了整个国民经济的运行过程，被誉为"西方经济学圣经"。《国富论》在经济学史上的地位无与伦比，不仅标志着经济学开始作为一门独立的社会科学存在于世，而且标志着现代经济学研究的起步。

《国富论》共由五卷构成，分别对劳动价值论、社会分工对劳动生产力的影响、货币、商品的价格构成以及社会再生产的各个环节等经济领域的重要问题进行了详尽的论述。《国富论》的主要内容可以概括为人民大集团的收入构成框架，并说明各时代各国家逐年消费所征出的基金的性质和国家的收入。该书在总结前人思想的基础上，一方面，对经济自由主义理论与政策进行了分析与评论；另一方面，完善了自身的理论体系。《国富论》涉及了社会经济的方方面面，对于经济的发展有很多深入浅出的论述，下面选取其中部分经典的理论展开论述。

9.1.1 分工理论

斯密的整个理论体系始于对社会分工理论的分析。斯密认为，劳动是财富之父，生产力的提高、劳动技能的完善、生产工艺和工具的创新都是分工的结果。在《国富论》的序言中，他直截了当地道明，一国国民每年的劳动，本来就是供给他们每年消费的一切生活必需品和便利品的源泉。财富的增长一方面取决于从事生产的劳动量，另一方面取决于劳动生产率状况。其中，后者更具决定性。那么，提高劳动生产率的主要途径是什么呢？是分工。

斯密以手工工场为例，说明了劳动分工可以将劳动生产率提高数千倍。其中原因有三：一是分工带来的生产专业化提高了工人的劳动熟练度；二是分工可以避免因工作转换而出现的时间损耗；三是精细分工可以促使专业机械的发明及投产。斯密又引用毛织厂的例子说明了企业和行业之间的分工对提高生产力水平的作用，他指出，由于分工使得各种行业相互分立，如果一个国家的产业与劳动生产率的增进程度是极高的，那么各行业的分工通常也会达到很高的程度。"斯密借助分工理论揭示了近代社会生产力迅速发展的原因。专人专事的分工模式促进了技术进步，由此社会生产力得到了显著提高。

9.1.2 价值与价格理论

分工所带来的生产率急速提高使得劳动生产物只能满足自身欲望中的极小一部分，其他大部分欲望要使用自己消费不了的剩余劳动生产物和别人进行等价交换来满足。在一定限度内，每个人都成了商人，社会已成为所谓的商业社会。因此分工后出现了货币的交换，形成了商业社会，出现了商品的价格和价值等概念。

在研究了分工、交换和货币之后，斯密又研究了商品的价值。他首先区分了使用价值和交换价值。他认为，"价值"一词有两个不同的意义。它有时表示特定物品的效用，有时又表示由于占有某物而取得的对他种货物的购买力。前者可叫作使用价值，后者可叫作交换价值。在经济学说史上，斯密第一次明确划分了使用价值和交换价值。那么，商品的交换价值又是由什么决定的呢？斯密对此继续研究，他认为："交换价值不是由使用价值决定的，而是由劳动决定的，劳动是衡量一切商品交换价值的真实尺度。"因为"只有以劳动力为标准，我们才能比较各个时代和各地的各种商品的价值"。斯密创建的"劳动价值论"为经济理论奠定了坚实的基础。

斯密还认为市场价格围绕自然价格上下波动的主要原因是商品供求关系的变化。当市场上供大于求导致市场价格低于自然价格时，资本家便会减少生产从而使市场上的供求平衡，市场价格将会逐步回升到自然价格水平。更有甚者不惜以牺牲短期利益的方式求得长期市场价格的相对高位，如历史上有名的"波士顿倾茶事件"。由此可见，斯密不仅看到了价格围绕价值上下波动的规律性，而且更是看到了价值规律可以被当作商品生产的调节工具。

9.1.3 经济自由主义思想

斯密在《国富论》提到的各种理论中，最有影响力的是经济自由主义，这对普通人来说似乎是一种"异端邪说"，但它是《国富论》整本书的意识形态支柱。斯密认为，为了实现国民财富的增长，最好的办法就是让每个人都按照自然秩序自由参与经济活动，而在斯密看来，所谓的"自然秩序"指的是人性的秩序。他认为人类是利己的，这就是人性，因此追求个人利益是人们从事经济活动的唯一动机。由于社会是由个人组成的，社会利益是个人利益的结合，因此社会和社会关系的分析应该基于对个人和个人利益的深入探索。他认为，在追逐自己的利益时，每个人都需要其他利己主义者的帮助。当然，这是有成本的，而唯一合理的形式就是交换。斯密从自利的性质出发，建立了完整的理论体系。其中作为经济活动的主体、体现自利性的理性个体，即为经济学中经常提到的"经济人"。斯密发现，在一个充斥着分工和交换的社会里，每个人都有动力从事有利于自身利益的经济行为。通过价格机制，这种"看不见的手"导致了私人利益与公共福利的统一。据此，斯密认为，为了增加一个国家的财富、增强社会的公共利益，最好的经济政策是让私人经济活动完全自由、充分竞争。只有这样，能确保每个人都能得到自己努力的回报，为公共利益做出最大的贡献。为此，他提出建立一个"自然的自由体制"和成本低廉的"公民政府"。在这种制度下，国家的责任只包括国防、司法和一些必要的公共事业。

9.2 经济学与心理学

人的经济活动和人际经济关系共同构成了社会结构的基础，而人们的生产活动和消费行为又都具备心理动机，并受到个人偏好的严重影响。

从 20 世纪下半叶开始，跨学科的理论互动层出不穷，心理学与经济学相互渗透的趋势也愈加明显。事实上，两者的结合不是人为的别出心裁，而是发展到一定阶段的必然结果，一些重要的经济过程缺少了心理学，根本解释不通。经济学和心理学结合而成的行为经济学是经济学的一个分支，也就是将经济行为和现象的研究建立在心理分析之上。与其他经济学类型一样，行为经济学并非初生的婴儿。斯密在《道德情操论》中就已经谈到了诸如"损失厌恶"之类的"经济人"心理反应。然而，在波谱的证伪主义和弗里德曼的实证主义方法论被广泛接受后，心理分析与行为分析逐渐分离。科斯曾经把 20 世纪初形成的主流经济学称为"黑板经济学"，因为其理论仅仅建立在抽象的偏好思想基础上。

心理学的进步促进了行为经济学的发展。心理学已经从过去的功利主义传统转变为科学的实证主义研究。对大脑的看法也从过去的刺激行为观转向信息处理和配置机制。心理学的研究深入探寻了神经元的结构和顺序，这些研究大大加深了人们对自身行为的理解。正是在这种背景下，行为经济学家将其与经济学相结合，形成了现有的理论框架。

不得不说实验心理学和行为经济学的相互作用，行为经济学为实验心理学提供研究材料，而实验心理学则为行为经济学提供了操作模式。

经济学一直被认为是无法实验的。然而，在20世纪40年代末和50年代初，一些经济学家开始对实验经济学应用实验方法感兴趣，他们的实验结论激发了整个经济学界的兴趣。经过半个多世纪的探索，实验方法被引入经济学研究。目前，实验方法已被广泛应用于博弈论和公共选择等经济学研究中。斯密和卡尼曼因其分别在行为经济学与实验经济学方面的杰出贡献而获得了诺贝尔经济学奖，这意味着经济学逐渐演变为实验科学的观念得到了广泛的认可。实验经济学是通过控制某些条件、观察政策制定者的行为以及在某种经济理论或经济现象的受控实验环境中分析实验结果来检验、比较和改进经济理论并为政策决策提供证据的。

实验经济学侧重于环境和制度实验研究，行为经济学侧重于个体行为的非实验研究。此外，行为经济学为实验经济学提供了行为解释。

9.3 经济学极简史

经济学作为一门独立的科学，形成于资本主义的出现和发展过程中。在资本主义社会出现之前，资本主义的经济现象和问题没有形成制度。中西方都拥有悠久的历史和文明，也拥有丰富的文献。作为两个独立发展的文化体系，他们在经济思想史中的贡献也各不相同。

9.3.1 古希腊、古罗马及西欧中世纪的经济思想

在古希腊对经济思想的贡献中，以色诺芬的经济理论、柏拉图的社会分工以及亚里士多德的商品交换和货币理论最为重要。色诺芬的

《经济论》讨论了奴隶制社会中的一些实际经济问题，诸如奴隶主如何管理农场或是如何增加财富等。色诺芬对农业非常看重，将农民称为"希腊自由人民的最佳职业"，它对后来的古罗马经济思想以及法国重农学派的形成和发展都产生了影响。柏拉图在其对话体名著《理想国》中，从人性论、国家组织原则和使用价值生产三个方面考察了社会分工的必要性。他认为，社会分工是人性和经济生活的必然演化结果。这种分析基本上与中国古代管仲及孟子的农耕和百业、劳心和劳力的"四民分业"以及"通功易事，以羡补不足"理论相一致。亚里士多德是最早分析商品价值形态和货币性质的学者。他在《政治学》与《伦理学》这两本书中都阐述了一种朴素的"商品二重性"理论，认为每个物品都是既可直接使用，又可与其他项目交换的，同时他还介绍了商品交换的历史以及货币的交换职能和一般等价物性质。

古罗马的经济思想在几个著名的思想家中被发现，如大加图、瓦罗等人。古罗马对经济思想的贡献主要是罗马法律中的财产、契约和自然法的概念。

公元前5世纪中叶，古罗马元老院迫于统治压力颁布了《十二铜表法》，标志着古罗马法律从习惯法到成文法的转折。后来又出现了《市民法》和《万民法》。其中，前者对产权、契约关系以及交易、借贷关系有明确的解释，后者所依据的普遍性和自然理性原则逐渐形成了未来的自然法思想，是资本主义初期社会秩序稳定的制度保障。

西欧的中世纪经历了1000多年，其封建制度建立在11世纪。中世纪的学术思想被教会垄断，形成了所谓的"经院学派"。学校主要使用哲学形式来证明宗教神学，但也包含用某些经济思想来证明某些经济关系或行为是否合法或公平。后来，由于商品经济的发展和城市的崛起，教会不得不回答当时社会中出现的两个重要问题：一个是贷款利益的合法性，另一个是交换价格的公正性问题。由于贷款取息和教义相互矛盾，所以一再被教会禁止，但随后被大量流行贷款逼迫，经院学派不得不采取和解的态度。

大阿尔伯特出身于中世纪时期的德国贵族家庭，他对公平价格展开了充分讨论，认为公平价格等于成本价格，而且从长远来看，市场价格不能低于成本价格。这两个问题，在中世纪的欧洲其实并没有达成一致的认可，但他的观点提出了未来经济学家的研究课题。

9.3.2 中国古代的经济思想

除了重视农业和社会分工外，中国古代的经济思想与西方世界相比存在明显差异，主要表现在其"道法自然"思想、义利思想、富国思想、平价思想、奢俭思想等上。

"道法自然"出自道家经典《道德经》。道家从自然哲学出发，主张经济活动应遵循自然规律，倡导"无为而治"和"小国寡民"。这种思想后来传播到西欧，对17世纪和18世纪西欧的自然法与自然秩序思想产生了一定的影响。

义利思想是人们应该遵守的道德规范（"义"）与寻求利润的行为（"利"）之间关系的理论。儒家贵义贱利已成为长期困扰人们思想的僵化教条，阻碍了人们在寻求利润和寻求财富问题上的讨论与论证，并在一定程度上对古代中国资本主义思想的萌发以及商品经济的发展有着不利影响。

中国古代思想家提出了各种意见或政策，以使集权封建制度增强。孔子的学生有若就提出了"百姓足，君孰与不足"，这是儒家早期的富国思想。后来的"商鞅变法"提出了一个富国、强军、苛法的治国方略。主持变法的商鞅和后来的韩非都认为，农业有利于安全民主，是战争的物质基础，是国家致富的唯一途径。同时，他们认为工商业是行业终端，容易获利，如果不加以限制，就会使人人避农重商，进而危害农业生产。

古代王公贵族生活的奢俭关系到国家财政的盈亏，甚至关系到税收。因此，消费的俭奢也是中国古代思想家关注的问题。一般来说，黜奢崇俭是中国封建时期占支配地位的经济思想，法家也曾提出过"禁末"令禁止奢侈品的产销。但也有一些相反的观点，如春秋时的《管子·侈靡篇》中就论述过富有者衣食、宫室、墓葬等方面的侈靡性开支，不仅为底层人民提供了充足的工作机会，而且也使商业活跃度提高。这在当时确实是一个相当超前的观点。

总的来说，中国古代经济思想的大部分都是为了维护集权的封建专制统治，但也提出了一些思路，开辟了扩大商品生产和交换、发展了社会生产力的道路。

9.3.3 资产阶级经济学的发展与演变

随着资本主义生产方式的产生和发展，资产阶级经济学逐渐在西欧大陆上形成。

一是重商主义。16 世纪末之后的英国和法国逐渐出现了许多促进重商主义的书籍。重商主义非常重视黄金和白银货币的积累，并将其视为唯一的财富形式。它认为对外贸易才是真正的财富来源，只有成为超级大国才能真正获得更多财富。因此，它主张国家应支持发展对外贸易。

二是古典经济学。17 世纪中叶以来，英国和法国的手工业先后发展为工业生产的主要形式，重商主义已无法适应不断发展壮大的资产阶级的需要，因此他们开始反对封建势力。他们需要从理论上分析财富生产和分配的规律，并为大众展示资本主义的优越性。由此，古典经济学应运而生，将理论研究从流通领域带入生产领域。

英国的威廉·配第和法国的布阿吉尔贝尔是古典经济学的先驱。前者的主要贡献是提出劳动价值论的一些基本思想，并在此基础上，对工资、租金、利息等进行了研究。布阿吉尔贝尔则更加直白地认为，流通过程不会创造财富，只有农业和畜牧业才是财富的源泉。

英国的亚当·斯密是古典经济学的重要奠基者，他在《国富论》一书中批评了重商主义仅仅利用外贸作为财富来源这一行为。他克服了重农学派坚持的只有农业可以创造财富的观点性障碍，指出所有物质生产部门都是财富的来源。他分析了国民财富增长的条件以及促进或阻碍国民财富增长的原因，同时分析了自由竞争的市场机制，并将其视为主导社会和经济活动的"看不见的手"，其核心目的是反对国家对经济生活的干预。

同为英国人的大卫·李嘉图是古典经济学的集大成者。1817年，他提出了一个以分配理论为中心、基于劳动价值论的严谨的理论体系。他强调，经济学的主要任务是澄清不同社会阶层之间财富分配的规律。他认为所有价值观都是由劳动力产生的，工人的薪酬由其必需的生活资料价值决定，利润则是高于工资的余额。此外，李嘉图还讨论了货币流通规律、对外贸易比较成本理论等问题。

古典经济学的主要贡献是为劳动价值论奠定了基础，从而成为马克思政治经济学的重要理论源泉。然而，由于阶级和历史的局限，其理论不可避免地包含一些庸俗因素。

三是历史学派。19世纪上半叶，资本主义在德国的发展远远落后于英、法两国。在这种特殊的历史条件下，出现了德国历史学派。历史学派的发展分为新、旧两个阶段：由罗谢尔创立的旧历史学派活跃于 19 世纪 40～70 年代。他们在 19 世纪中叶之前反对传统的英法经济学，反对抽象演绎方法，否定经济法的客观存在与历史反对理论，反对世界主义与民族主义，追求交换价值与培养生产力，以国家干预经济反对自由放任。以施穆勒、瓦格纳、布伦塔诺为代表的新历史学派是随着 19 世纪 70 年代德国资本主义经济的快速发展和工人运动的蓬勃发展而出现的。新历史学派提出了改良主义的"社会经济政策"，因此也被称为"讲坛的社会主义"。

四是边际效用学派。19 世纪 70 年代早期，西欧出现了一种提倡边际效用价值理论和边际分析的效用的学派。在其发展过程中，形成了两个主要支派：一个是基于心理分析的，一个是基于数学分析的。前者的代表人物是奥地利的门格尔、维塞尔和帕姆·巴维克等；后者被称为洛桑学派，主要代表人物是英国的杰文斯和法国的瓦尔拉斯、帕累托。

五是新古典经济学。1890 年，《经济学原理》出版，作者为英国剑桥大学的阿尔弗雷德·马歇尔，其继承了自 19 世纪以来的英国庸俗经济学，以折中主义手法把供求论、生产费用论、边际效用论、边际生产力论等融合在一起，以完全竞争为前提，建立了比较完整的经济体系，是均衡价格理论的核心。

马歇尔用均衡价格理论取代了价值理论，并在此基础上建立了每个生产要素均衡价格的分配理论，以确定其在国民收入中的份额。他称赞自由竞争并提倡自由放任。他认为资本主义制度可以通过市场机制的自发调整实现充分就业。从 19 世纪末到 20 世纪 30 年代，新古典经济学被西方经济学视为典范。

9.3.4 当代资本主义经济学

这主要是指迄今所谓的"凯恩斯革命"所经历的资产阶级经济学。

(1) 凯恩斯主义与后凯恩斯主义。1929年爆发了前所未有的世界经济危机后,资本主义经济陷入长期萧条的境地,破产潮、失业潮席卷全球。垄断资产阶级迫切需要一套新理论和政策措施。正是为了适应这个需要,凯恩斯于1936年发表了《就业、利息和货币通论》一书。该书的出现是对西方经济学的冲击,经济学经历了"凯恩斯革命"。凯恩斯批评萨伊定律和新古典经济学"供给创造自己的需求"的思想,分析了资本主义经济总量,并提出了有效需求决定就业量的理论。

有效需求包括消费者需求和投资需求,主要取决于消费倾向、收入预期、流动性偏好和货币供应量。他认为,现代资本主义社会中失业和萧条的存在是由于这些因素相互作用导致的有效需求不足。因此,他建议加强政府干预,分别采取财政政策和金融政策,增加公共支出,降低利率,刺激投资和消费,从而增加有效需求,实现充分就业。事实证明,第二次世界大战后凯恩斯主义理论促成了世界资本主义经济的复苏,因此凯恩斯主义成为当代资本主义经济学的主流。

(2) 新经济自由主义。第二次世界大战后的国家垄断资本主义的发展以及20世纪50～60年代相对稳定的社会局势和经济增长促成了凯恩斯主义的盛行。然而,随着垄断资本主义内在矛盾的加剧,国家干预模式引发了一系列新问题,特别是自20世纪70年代出现了全球范围内的主要资本主义国家经济"滞胀",导致凯恩斯主义陷入困境的理论和政策受到各种新的经济自由主义的挑战。各种反对国家干预经济、倡导自由市场机制的新自由主义经济思想迅速活跃起来。

9.3.5 经济学在社会科学中的地位

社会科学是研究各种社会活动的理论和历史以及人类各种社会关系的各种学科的总称。在社会科学的研究对象——所有社会活动中，经济活动是其他社会活动的物质基础，而经济关系也是其他所有社会关系的物质基础。因此，除了哲学之外，经济学已成为社会科学的基础科学，并越发地被人们当作认识社会和改造社会之前必须掌握的思想武器。

经济学应与国家机构、法律和其他上层建筑联系起来，以研究各种经济活动和经济关系；政治科学、法律等应与经济活动和经济关系联系起来，以研究各种国家制度和各种法律。这种相互关联与互动的关系也适用于经济学和其他社会科学学科。

前沿思考

经济学的发展向来不是一帆风顺的，一直在前人的不断探索中前进，我们有理由相信经济学的发展是一个螺旋式的过程。经济学的核心理念是通过研究，掌握和应用经济法，实现资源的优化配置和优化再生，最大限度地创造、转化和实现价值，以满足人类物质文化生活的需要，促进社会的可持续发展。经济学的研究目标是人类经济活动的性质和规律。社会经济发展是一个动态的均衡过程，主客体从不对称转向对称，主客体从不对称到对称的转化是社会经济最重要的发展过程和基本动机。

当然，新时代的经济模式更趋向于共享模式，共享单车、共享汽车等产品不胜枚举，使得过剩的产能能够创造新的价值和意义，更好地做到物尽其用。同时，在大数据时代，互联网技术不断更新，共享经济在一定程度上更是资源和知识的共享，我们看见塞恩斯伯里超市将公司战略向个人开放，寻找更多的合作伙伴。所有的公司、产业，甚至是整个经济体都将会开放，迎接共享经济。未来经济的模式是辨识过剩产能、建造共享平台、推动群体合作，运用供给机制和市场交换机制，形成一种新的供给和交易新模式。

第 10 章
CHAPTER TEN

管理作为元初生产力

管理实践古已有之，人们发现与他人共同工作能放大自己的能力，从而更好地满足自己的需求。在群体中，不同的人有不同的技能和能力，也就是对劳动进行了分工，以便有效地利用不同人的技能。一旦存在劳动分工，为实现群体的目标，人们就必须达成协议以组织和协调不同的工作任务。在最早的组织中，存在以下几个步骤：第一，树立目标，如农作物的播种和打猎；第二，人们愿意接受这个目标，满足自己的利益；第三，使用某些东西进行工作或战斗，也就是实现目标所需的资源或手段；第四，成员之间相互协调以实现共同的目标。因此，管理作为一种活动一直存在，目的是使人们的意愿通过有组织的活动实现。纵观历史，当个体寻求通过有组织的活动满足其与生俱来的社会经济需求时，管理应运而生。

第一阶段是早期管理。早期管理思想产生于古代，那时中外哲人对管理已经有了简单的认知。例如，古希腊时代，亚里士多德在其著作《政治学》中提出了关于管理和组织的远见卓识，如劳动力的专门化、部门不同的职能、上下级之间的集权与分权等；中国古代的典籍也有着众多管理思想，如《孙子兵法》中关于战争资源的调度、战争策略的总结等，其中战争中的灵活性、适应环境、关键战略的运用等思想与现代管理学颇有类似之处。现实中，管理作为独立要素的出现是从19世纪下半叶开始的，技术革命产生了对管理的需求。

第二阶段是科学管理。泰勒等人提出科学管理理论，目标是提高生产效率。他们认为，工人有着巨大的效率提升空间。为了寻找到提升效率的方法，他们在实验的基础上，制定生产标准，用这种标准的操作方法对全体工人进行训练，并标准化生产过程中的各种工具、材料及作业环境，进而制定更高的目标。泰勒的代表作是《科学管理原理》，他在书中还提出了一种定额计件的激励方法。与泰勒不同，法约尔的管理理论是以大企业的整体为研究对象的，他的管理理论主要来自《工业管理和一般管理》一书。他认为，管理活动包含五种因素，即计划、组织、指挥、协调、控制。法约尔对管理的五种因素进行了较详细的论述，并提出了十四条管理原则，即分工、权限与责任、纪律、命令的统一性、指挥的统一性、个别利益服从于整体利益、报酬、集权、等级系列、秩序、公平、保持人员稳定、首创精神、集体精神。而韦伯在《社会组织与经济组织理论》一书中主要研究了组织理论的问题，提出了理想的行政组织体系理论，此种行政组织体系可用在政府部门和企业部门。

第三阶段是"社会人"管理。随着生产力的进一步发展，人们意识到，通过简单强调科学合理的管理，不能保证管理的成功和劳动生产率的不断提高。20世纪30年代的"霍桑实验"显示出生产力不仅依赖于科学的管理，更主要依靠的是热情和员工的态度，以及对员工的激励。但是员工的工作态度会受到家庭和社会生活的影响，这实际上证明了它取决于人与人之间的关系。因此，霍桑提出了"社会人"的主题。这个主题是一个新的管理维度，而新维度指的是一种回应新时代工作精神的方式，包括泰勒的继承者关于组织管理的论述，这都成为一个重要的具有变革意义的管理理论：首先，更加注重生产；其次，警告管理者应当适时减轻组织结构的僵化程度，更好地满足人的需求；再次，经济激励是动机结构的一部分；最后，员工情绪的非逻辑性比管理人的逻辑性更重要。与此同时，它阐明了管理人员的重要地位，奠定了未来形成的行为科学的基础，在管理史上首次创造了"以人为本"的理念。

第四阶段是现代管理。第二次世界大战后，随着科学技术特别是信息技术的快速发展，企业的外部竞争日趋激烈，企业战略规划和科学管理决策的要求也越来越高。以此为契机，"理性主义"从"冬眠中睁开惺忪的睡眼"，迎来了发展的春天。现代管理理论研究更加专业化：第一，它来自教学、研究和实践的需要，并全面探索管理理论；第二，它研究组织的形式要求与组织者的非正式维度之间的和谐；第三，管理科学与信息系统研究，管理决策定量分析；第四，跨文化和全球管理问题；第五，商业道德、企业社会责任和管理理念的发展；第六，知识在生产中的地位发生了革命性的变化，强调人的主导作用，并创新了人力资本的核心价值，在此过程中，"以人为本"的管理理念贯穿于理论创新和实践过程。

10.1　元初生产力——管理

21世纪是一个专业化分工越来越细的时代。但是，分工越来越细化，可能会偏离初衷，使综合问题难以处理。在21世纪，管理学将对管理组织研究、人力资源管理和新的领导方法进行深入探索，然后在管理流程转型、信息管理方法、组织技术和监控方法上有所作为。在传统管理理论忽视的方面，只需要将管理纳入生产过程本身，进行突破和创新。管理是人类的一项特殊活动。经过长时间的演变，人类逐渐进入群体活动社区。在人类群体的活动中，人们必须开展生产、分配、交流和消费活动。马克思说："一切规模较大的直接社会劳动或共同劳动，都或多或少地需要指挥，以协调个人的活动，并执行生产总体的运动——不同于这一总体的独立器官的运动——所产生的各种一般职能。"生产力因素（知识、劳动力、资本）是一种只能转化为利益的资源。如果科学技术没有一定的管理制度保障，科技成果就难以转化为实际生产力，进而实际生产力将难以转化为效益，这将导致技术与经济之间的脱节。先进技术可能无法促进经济发展和社会发展。只有组织和动员劳动生产要素，人们才能充分发挥自己的潜力和主动性。资本要素只能通过有效管理才能获得有效回报；相反，管理失控可能导致灾难性后果。

在人类社会中，无论是集体劳动还是联合劳动，为了节省资源、时间和空间，降低生产成本，都需要管理思想。个体工人都会为自己的产品提供基于时间的流程连接和优先安排、合理安排空间物体以及计算产品成本。这些管理活动与特定的生产操作相结合，形成一个完整的劳动过程，共同劳工组内需要分工和合作，需要有人组织，以便协调共同劳动，像一个人一样。在现代社会，机械工业和社会化生产使管理者从生产劳动中脱颖而出，形成一个独立的社会阶层，将管理活动转变为一个结合了知识、经验、人才和组织技能的高度复杂的社会劳动。即便如此，管理层仍然必须与生产要素和生产过程相结合，管理仍然属于生产劳动的范畴。因此，管理就是生产力。

管理（决策、组织、领导、控制和创新）的功能是为特定目标分配资源。根据马克思和恩格斯的定义，资源包括自然资源和社会资源。生产力的三要素为劳动者、劳动工具和劳动对象。三者的结合可以真实地解释生产力的发展。在社会发展中，管理可以调动工人的积极性，是合理化和协调生产资料的方法与手段。

马克思指出，通过合作和分工产生的生产力是社会劳动的自然力。它表明管理活动与人工劳动有关，并贯穿整个劳动过程。没有管理活动，就不会形成社会生产和社会生产力。科学技术是生产力，是一种伴随着人类改造自然的精神力量，它只是一种潜在的生产力。只有当科学技术和生产力的各种要素相互关联并在生产中发挥作用时，才能将其转化为真正的直接生产力。中国的企业越来越认识到管理科学在全球竞争中的重要性，并积极加强管理创新。现代经济系统是一个重要的、典型的复杂系统，管理是系统的核心和中心。因此，管理是经济体制运行的主要动力。虽然这个大系统有一系列复杂因素，但如果可以在分析这些因素的基础上进行整合，目标明确，关系协调，管理将充分发挥综合效应。特别是，科学管理可以在许多不同的选择中采纳最佳解决方案，并将整合视为管理的一个主要特征。"阿波罗"号飞船和波音飞机是最好的管理范例，二者结合了不同领域的最佳技术，创造了前所未有的成果。可以说，对象越全面，结果越有利，管理的好处就越显著。

1988年9月12日，邓小平特别指出："马克思讲过科学技术是生产力，这是非常正确的，现在看来这样说可能不够，恐怕是第一生产力。"但是，科学技术又是从何而来呢？其实依赖的是劳动者的创造力，再继续追问下去，作为劳动者的人的创造力又从何而来呢？除了对于人所面对的这个世界的征服欲望之外，还有一个因素，就是外在的管理环境，它能够使得人有动力去了解科学技术的本质特征，并利用它的强大动力作用于劳动对象。当然，除了动力之外，也可能在现实中形成了人们不得不设法突破的约束，无突破则无以生存和发展，这些都是环境带来或逼出来的创造力源泉。所以我们说，除了作为生产资料、劳动者和劳动对象之外，还存在其他隐形因素，"管理"可以是这三者派生出来的第 N 生产力，也可以是元初（第 0）生产力，它决定着生产资料的现代化进程，同时决定着生产者自身素质的本质性提升。

在当今的市场经济中，信息受到高度重视，企业的内部和外部环境是不可预测和复杂的。每个企业经理都面临着巨大的压力和严峻的挑战，只要某个环节稍微疏漏，就可能会导致全部损失。最终，即便是老公司也无法逃避这样的规律。因此，对管理者的要求也越来越高。通常，企业往往忽视内部管理，仅仅因外部环境的变化和竞争的不公平性而将企业的损失归咎于社会或市场，这种情况强烈地反映了社会主义市场经济对科学管理的迫切需求。

10.2 管理机制设计

2007 年，莱昂尼德·赫维奇、埃里克·马斯金和罗杰·迈尔森三名学者创立了"机制设计理论"，解决的是经济学中的顶层设计问题和路径选择问题。2014 年的诺贝尔经济学奖得主让·梯若尔的重要研究方向恰恰是机制设计理论，让·梯若尔还和其他学者共同开创了新规制经济学，其核心内容依然是机制设计的经济学应用。但是，与管理学不同，经济学中往往有"自由选择"和"自愿交换"这类基本假设，相反，管理往往伴随着一定的强制性，只是强弱程度不同而已，但不管怎样，微弱也绝对不会是 0，在管理的过程中，自主、自愿、自由、自为等特性一定会在某种程度上受到剥夺或限制。由此可见，管理机制和经济机制并非一物。根据经济机制设计理论，管理机制也可以做到帕累托有效或最优的资源配置，只要精心设计这套机制，对于机制的每个组成部分都用设计的思维进行有效或最优安排，并兼顾到参与者的心理和行为即可。

管理机制的构成可以概括为"七元组＋六目标"，其中，"七元组"包括主体、客体、介质、关系、时间、空间、动力与约束规制；"六目标"是指公正、公平、秩序、效率、效益和创新。一般情况下，对于一个管理机制来说，它的目标是明确的，因此不需要进行过多的设计，而管理机制中的"七元组"则可以作为机制设计中的调节变量。就参与主体而言，可以分为设计主体、执行主体、监督主体三个基本类型，这三个主体既可以"三位一体"，也可以再次细分，比如，执行主体又可分为不同层次或不同对象。当然，针对这些主体的分析也就更加困难，有些参与者之间的博弈可能存在纳什均衡，有些就不一定了。即便如此，这样的分析依然是有价值的，当我们无法处理太多参与主体时，我们就可以简化之进而再讨论，并以所受到的启发去分析更复杂的情形，以最终逼近现实中的场景。时间点、段、频率等可以作为时间规制的设计出发点，空间规制则可以从大小、位置、形状、结构、状态、功能出发进行设计，以达到管理者的目标。

机制的客体是指在机制中承受主体所施加作用的参与方，例如，沟通机制的客体是被传达的指令、需要了解的信息或是讨论的问题等，协调机制的客体是需要统筹安排的服务或者资源。介质可以是人也可以是物，在报警电话接听部门，警务中心领导与接听者之间以电话为介质建立关系。规制来自时间、空间和能量这三个维度的衡量，也是对机制所处环境的描述。动力与约束规制的设计就更加值得深入讨论了，动力设计本来就是管理中比较有趣但又困难的问题，几乎所有的管理学家都会涉及管理动力研究，比如绩效奖金的设计、人类需求的多层次分析、人员多向度评价，都属于这类问题的一部分，而通过"委托-代理"实现不同主体间的激励相容当然也是经济机制设计理论中的核心难题。关系也是可以被设计的，原本敌对的双方可以通过建立起来的感情纽带化敌为友。这还仅仅是感情因素。关系还可以从职、责、权、利、情五个方面进行考虑，这五个要素都可以分别进行人为设计，当然，五个因素还可以联合起来设计，以达到管理目标。

其中，时间规制研究就是管理机制设计理论从理论向实践落地的一次尝试和展现。在解决具体问题时，可以从时间规制的某些视角去考虑，进而采取措施进行改进，以解决实际问题。例如，监控机制处在整个应急管理过程的最开始，是对风险事件进行持续的监视和预警的一种机制。监控机制的内容包括及早发现风险源、对风险进行初步评估并进行风险预警，使得相关人员和部门能及早发现风险，识别危害程度，及时采取措施，把风险扼杀在萌芽中，防止风险的蔓延和扩大。增强监控机制的作用可以从时间点模式开始进行，即采取时间点提前模式，在一些容易发生风险或有潜在风险的地方尽早设立监控机制，以便更早地发现风险源并及时控制和预防。启动机制是指监控的风险事件未能减缓或得到控制、风险事件的相关指标参数超过给定阈值或者其影响范围或程度超过设定条件时，启动相应预案或举措的一种机制。此时，可采用时间起点固定模式，将事件分为可直接量化事件和不可直接量化事件，并尽量严格地针对不同事件提前设置的启动条件对事件进行判断，只有达到启动条件时，才可启动相关预案。

管理机制被设计出来之后，可能会很快起到积极的作用，也可能在运行一段时间后效用逐渐递减，以至于最后失效，这就需要进行管理机制的失效分析，以修正原有的无法适应新环境或新对象的机制，重新使之焕发活力。在管理中，机制是决定性的因素，但是之前又一直是"看不见、摸不着"的因素，说到人可以按照一个逻辑和图谱"设计"出机制来，很多人认为几乎是不可能的。这里所说的机制设计与现实应用，也往往停留在描述机制应该是什么、使用后会达到的效果、具备怎样的功能等方面，而很少有人把机制的基本组成确定后再用还原论的做法进行设计，并结合管理的目标，以最终真的达到管理者希望的状态。

10.3 "管理学+"

现代社会中的决策与管理所面对的是比过去任何一个历史时期都错综复杂的问题，不能只依靠单一的学科、单调的领域。"管理学+"模式就在这种背景下应运而生了。管理学本身就是一个交叉性学科，由于其自身的特点，在现有所知的学科门类中，各种类型的社会科学、数学、工学等都与其关系密切。而管理学最早属于工学的附属领域，其所研究的对象都是具体的工程项目，因此工学思维对管理科学的影响较大。

从管理内容上看，管理学涉及的领域十分广阔，涉及范围囊括所有学科领域；从影响因素上看，包括生产力和生产关系、经济基础和上层建筑等基本因素，以及自然、社会等客观环境；从与其他学科的相关性上看，它与经济学、法学、数学、工学等都有密切关系。

管理工作在多学科协同作战的今天具有明确的不可替代性，特别是对于重大的基础设施建设项目而言，政府宏观调控的决策、协调和支持作用是重中之重。以南水北调工程的建设和管理为例，我国的南水北调工程分为三条支线，其中的具体工作涵盖了经济学、地球科学、数学、政治学、社会学等诸多领域，必须依靠政府运用科学的管理手段对各方面进行指挥和协调。在该项目中，政府的宏观管理作用主要体现在：第一，水资源合理分配；第二，调水区与受水区利益协调；第三，区域之间协同配合；第四，防洪和抗旱指挥。

从微观视角来了解，管理学的运用更加细致。例如，根据南水北调工程建设执行的严格的项目法人责任制、招标投标制和施工监理制，进而以企业化的管理模式明确企业与投资者之间的利益关系，厘清受水方与供水方之间的经济关系，使得供水企业与自来水用户之间的关系合理化。另外，在水源工程中实施统一协调调度的多目标管理也是对该项目进行科学管理的综合体现。为了多目标管理的顺利实施，需要加强以下配套措施：一是专项法规；二是水资源的统一调度管理办法；三是水资源的行政法规。

在项目实施过程中，目标明确、组织体系合理、规章制度健全、运行机制灵活，这使得系统的各个组件在系统的保证和调节下形成协同作用，进而实现统一行动的统一目标，以最大限度地发挥其各自的功能。现代经济组织属于人工系统，管理是系统的灵魂。如果管理不到位或混乱，经济组织就无法协调运行，生存和发展就没有生命力。因此，管理是经济体制运行的主要动力，但管理和技术对经济的影响不同。自然科学和技术研究的对象是单一的物质要素或当地的生产领域。研究的目的是提高工人的生产技能，即提高设备的性能和开发新产品。其功能是提高个人或当地生产要素的使用质量和使用效率，这是一种更直观的生产力。管理是不同的，它面临着系统的所有生产要素。它研究如何在外部环境复杂且内部条件不足的情况下，将人与财产、科技信息与时空有限组合，并实现有机化、最优化，目的是提高系统所有元素的使用质量和系统的整体效益。诚然，管理对促进生产的综合作用是非常明显的。

前沿思考

本章结合管理科学思想史，介绍管理科学的起源、发展、成熟、趋势、不同时期的发展类型及历史地位影响，尤其是介绍了管理科学与其他工程技术学科如何交叉影响，进而产生元初生产力。结合实际典型案例南水北调工程，介绍了管理在多学科交叉中的关键作用。管理在工程的众多工作中发挥着协调作用，一个工程项目中的许多子工程通常是由不同的专业工程组成的，这就需要对不同的工程及其承包方进行科学的衔接和协调。管理是一种思想，也是一种艺术，参与工程建设的管理人员在管理方法上可以各显神通，但"一尺难量万物"，不同子项目的表现形式多样，但必须遵循流程照章办事，这是项目管理中的重要原则。

第 11 章
CHAPTER ELEVEN

三个人的事儿两个人不能定
——法学思维漫谈

法律似乎是我们很熟悉的事物，大部分人都能说出《宪法》《刑法》《民法总则》等几部法律的名称，媒体的宣传也让我们对"依法治国和以德治国相结合"了然于心。但是我们真的了解法律吗？事实上，法律的熟悉感是因为它存在于人们生活的方方面面而给普通人造成的错觉，因为很多法律思维及其专业逻辑是非法律专业人士所难以理解甚至十分排斥的。在法学的发展过程中存在三个关键时间点：中世纪古罗马法的发现、英国《大宪章》和奥斯丁法理学的提出。

在第一阶段，古罗马人创造了一个伟大而辉煌的法律文明。人类历史上最早的大学——意大利博洛尼亚大学是一所法学学校。许多人研究过几何学、逻辑学和修辞学，然后在博洛尼亚大学学习法律。随着古罗马社会阶级和国家的出现，罗马法逐渐形成。4～6世纪是罗马法学成熟的时期。在西方，罗马法学家是最早对法和法律做出区分和界定的。从法的性质的角度来看，罗马法学家对公法和私法进行了区分，私法是涉及个人利益的法律。在宗教事务、宗教机构和国家监管机构中都可以看到公法。罗马法学家对公法和私法的分类与定义在法律上划定了国家权力与私人活动之间的明确界限，从而使罗马统治者能够单独制定旨在保护国家公共利益的法律。罗马的公法和私法定义明确，各自的法律制度完备，对后来的法学发展产生了深远的影响。简而言之，罗马法学家以务实的精神对法律的概念、分类、制度和结构进行了精细的判别定义，开辟了西方方法论自主研究的新时代。

在第二阶段，1215 年，英格兰国王约翰在贵族、教会、骑士、市民等多阶层的联合逼迫下签署了一份名为"自由大宪章"的宪法性文件。该文件是划时代的人权宣言，它在人类历史上首次以法律的形式提出保护个人尊严和反对国王滥用权力。史称"无地王"的约翰登基为诺曼王朝皇帝后不断强化皇权，后来被贵族和教宗借机联合各个阶层与其进行斗争。1215 年 6 月，为了保住皇位，他签署了由英国贵族起草的《自由大宪章》。该宪章具有深远的世界影响力，促进了西方人权意识形态的觉醒，是后来君主立宪制度的基础。1948 年，联合国大会通过的《世界人权宣言》采纳了《自由大宪章》的许多观点和内容。

第三阶段是 19 世纪法律实证主义时代，英国律师约翰·奥斯丁开启了他对法学分析法技术的研究。奥斯丁法理学的主要论点是：法律是功利主义政府的工具。其主要的学术观点首先包括"法律"的含义；"法律"包括严格意义上的法和非严格意义上的法。严格意义上的法表现为上帝为人类制定的"上帝法"、人类自身本可以制定的"实在法"和实际的社会道德规则；非严格意义上的法则为比喻意义上的法。其次，法理学的范围。"实在法"，即"政治优势为政治劣势者制定或发布的法律"，是法理学和与特定法律制度相关的法律科学的真正对象。"法"，就其最常见的理解方式和严格意义的词语使用而言，可以被视为一个理性人合理地强加给另一个理性人的规则。在人与人之间建立的各种法律规则中，有些是由政治优势者建立的。

11.1 钟表坏了还是停了？

法律思维是一种思维方式，法律从业者在决策过程中根据法律逻辑思考、分析和解决问题。例如，如果一个普通人看到时钟停止走动，他可能会说："这只表坏了。"但是，如果法官或律师看到同样的情况，他只会说："这只表停下了。"这是普通人和法律从业者之间的区别。

法律中有许多"奇怪"的词。例如，人们称自己拥有丈夫或妻子，而法律从业者则更喜欢称其为配偶。还有所谓的善意买家和恶意买家。一个人在自行车市场买了一辆30元的全新自行车，司法人士说这是恶意购买。为什么？因为根据常识，30元是不可能买到新的自行车的，你实际买了它，这是你有意识地购买赃物，这绝对有助于销赃，你的产权也是无保护的，这里的善意和恶意与传统意义上的道德不同。类似概念很多，即使在美国，法律从业者使用的概念系统与日常用语之间也存在很大的差距。这样一套语言、一套知识及其背后的系统和概念使其成为一个法律从业人员。

与普通人的思维相比，法官的思维表现为典型的法律思维。通过对比我们发现，这种思维模式反映了法律的逻辑性和法律的合理性；普通人的一般思维模式则反映了日常逻辑和生活理性。日常逻辑和法律逻辑在某些部分是重叠的，如共同遵守所有思维方式共有的原则和指导方针，但体现更多的是差异。由于法官的思维突出表现为一种专业的思维方式，因此它不可避免地与日常思维不同，具体表现在法律优先于道德、程序优先于实情和证据优先等。根据美国总统林肯的说法，法律是一种最低限度的道德。这样的法律只是道德的一部分，并不完全符合道德，那么在法律工作者的思想中可能会排除道德的应用。例如，一种行为在道德上可能是合理的，但只要在法律规定中它是非法的或犯罪的，法官就不能在道德意义上观察和判断这种行为，而是根据法律认定其为犯罪行为。

根据普通人的理解，有些行为可能在道德上是合理的，但在法律上是不被允许的。也许根据一般人的日常思维，只要是客观的和真实的，就应该根据获得的证据来判断，不会再考虑程序的束缚，甚至忽视法律的存在。在日常思维中难以理解程序正当和优先原则，一个自然事实本身再客观和真实，若没有证据，它就不能自然地转化为法律事实。由于识别自然事实和法律事实的标准与要求不同，所以客观真理和法律事实并不完全重叠。法律优先于道德，这些原则是法律人思考的重要方面。通过这些观察，我们可以发现法律思维具有普通人在日常思维中没有的思想。

法官必须遵守法律规定，几乎没有独立发挥的空间，至少法官不能偏离现行法律的规定进行额外思考。法律不允许存在太多发挥空间，需要被严格执行和实施。正如有句话这么说，"法官乃会说话的法律，法律乃沉默的法官"。法律赋予法官内容和意义，法官赋予法律生命和存在。当然，由于各自的起源、职业培训和知识背景的差异，不同的法官可能对法律有不同的理解和应用。这是由于司法判决中体现的事实判断和法律选择是主观的，并且不可避免地会有所不同。即使不同法官的判决不同，他们依然是严格按照法律来制定的，不能脱离现行法律的有关规定。否则我们的行为就是不可预测的，在任何时候都可能被视为非法甚至是罪恶。同样，立法者可以批评、反思、修改和完善现行法律，但是严格适用现行法律的执法者的法官无权这么做。

法官的判决只能基于可证明的事实和相关的法律条文。即使被告人充满罪恶，或被人类的普遍道德所唾弃，但只要法律明确规定其行为不构成犯罪，法官就不能根据自己的道德冲动和情绪判断来对其定罪。法官不能单凭检察官的说辞就起诉犯罪嫌疑人，即使检察官的申诉属实，还是要毫无偏见地倾听双方的陈述和论点，不能只听一面之词。在一个自由的思维领域，法官通过结合各种证据和事实考虑，进行独立思考并形成内心信念，从而做出独立的法律选择和最终判决。研究和讨论法官思考问题的方式可以帮助普通人更好地理解法官下达判决书时的心理过程，然后理解和接受司法判决和权威。通过与普通人的思维比较，我们发现普通人可能无法理解和接受客观现实与法律现实之间的差异，从而导致司法权威的降低。因此，我们可以通过加强法律宣讲和其他手段进一步改善法治，因为法治不仅是法官的个人事务，而且更需要公众的充分参与和接受。

11.2 公平？公正？

公平和公正在词义方面各有侧重，公平强调尺度，公正则强调价值取向。《辞源》对于"公正"的解释是：不偏私，正直。对于"正直"的解释是：不偏不曲，端正刚直。而对于"公平"的解释则很简洁：不偏袒。广义上的公正和公平的概念是人们平时的习惯用语，相差无几。狭义上的公正与公平是完全不同的两个概念，特别是在理论层面，每个概念都有明确的含义，两者之间存在一些明显的差异：公正意味着给予每个人应得的东西；公平就是指平等对待人或事物。显然，公正具有明确的价值取向，侧重于社会的基本价值取向，强调这种价值取向的合法性。公平有明显的工具性，强调相同的测量尺度，即以相同的尺度测量所有人或所有事物，或强调平等对待不同的人。

公正是法治的生命线。司马光在《资治通鉴》中说："法者天下之公器。"促进社会公平正义与法治的有力保障是分不开的。法律是国家治理过程中最重要的武器，在善政之前应制定好法律。通过法治维护公平和正义，科学立法是指导。法律的生命力在于实施，法律的权威也在于其实施。通过法治维护公平正义是严格执法的关键，且在法律面前人人必须平等。王勃在其成名作《上刘右相书》中写道："法立，有犯而必施；令出，唯行而不返。"要解决执法不规范、不严格、不透明、不文明等问题，就要惩治执法腐败，这可以保证法律的公正和有效实施，牢固树立执法权威。司法公正在社会公正中也具有重要的作用，早在春秋时代的《管子》中就有云："凡法事者，操持不可以不正。"无论是依法保证司法权和检察权的独立行使，还是优化司法权的配置，更好地为人民服务，或是改善人民陪审制度，保障人民群众的参与，都要完善司法管理制度和司法权运行机制，规范司法行为，加强对司法活动的监督，让每个司法案件的处理都使人民感到公平和公正。

追求公平正义，维护人民群众的权益契合全心全意为人民服务的宗旨，而司法不公对整个社会的公正都具有致命的破坏性影响。这要求我们在实践中促进公平正义。如果人民不能通过司法程序保障他们的合法权利，那么司法机关将没有信誉，人民就不会相信正义。每当人们经历不法或不公的对待时，受损害的不仅仅是当事人自身的合法权益，更是法律的尊严和权威，以及人们对社会公平和正义的信心。法律应该具有止息干戈的功能，司法审判应该发挥最终作用。如果司法不公平、人民不满意，那么这些职能就很难实现。

那么，法律维护的到底是公平还是正义呢？日本第一个将未成年人判处死刑的事件可以作为典型案例来说明。1999年4月14日，当时23岁的本村洋先生回家发现自己的妻女（女儿仅仅11个月大）被杀害。1999年4月18日，警方逮捕当时刚满18岁的凶手福田孝行。虽然日本法律规定年满20周岁才算成年，但是由于案情重大，嫌疑人加害手段残忍，当地的少年法庭决议后将卷宗移交山口地检署审理。第一次开庭时，福田孝行在其辩护律师的示意下，对着被害人家属的方向鞠躬，说："真是对不起，我做了无法宽恕的事。"这句"对不起"成为之后法官认定犯人"已经有悔改意思"的参考，一审判决福田孝行无期徒刑。但事实上，日本并没有真正的无期徒刑，尤其是当时福田孝行有着少年法保护，表现良好的话，顶多关个七八年就可以出狱。本村洋先生说："我对司法很绝望。原来司法保护的是加害人的权益，司法重视的是加害人的人权。被害者的人权在哪儿？被害家属的权益在哪儿？"他决定为推动司法改革而奋战。

他的诉求很快就得到正面的回应，时任日本首相小渊惠三说："法律对于无辜受害者的救济和保障很显然是不够的。身为政治家的我们，对本村先生的情境和诉求不容忽视！"不久，小渊惠三首相不幸因病离世。就在他离世的前两天，《犯罪被害者保护法》《改正刑事诉讼法》《改正检察审查会法》三个法案在国会全数通过。"福田案"上诉至最高法院后，福田孝行的辩护团成员上升至21人，他们都是所谓的人权主义者，以彻底废除死刑为己任。在命案发生9年后的2008年，法官对被告方的辩护主张全面否定，判决被告人福田孝行死刑。在当年无期徒刑的判决下达时，本村洋先生还曾这样说过："死刑的意义在于，让一个犯了杀人罪的犯人，诚实地面对自己犯下的错误，打从心里反省自己的误行，决心将自己剩余的人生用来赎罪并对社会做有意义的奉献。一个本来十恶不赦的坏蛋，最后可能会脱胎换骨变成真诚努力的善人。可是，国家社会却要夺去这位，已经重生的'善人'的性命。很残忍，很冷酷，是不是？是的！无情地夺取他人宝贵的生命的确是很残忍的一件事。相对的，这个时候犯人才会真切地体会到，被自己残忍杀害的人，他们的生命也是这样的无价。死刑存在的意义不是报复手段，而是让犯人可以诚实面对自己所犯的恶行的方式。"

从法理学的维度来看，为了实现公正，法律必须在立法、执法和司法三个方面分别做出努力，并以维护最广大人民群众的利益为出发点。只有这样，才能赢得人民的信任，实现社会公正。正义要求法律程序必须公开，程序公开是实现正义的保障。正义包括程序正义与分配正义等，程序正义主要是指程序性披露，即程序透明。英国有一句古老的法律格言：Justice must not only be done, but must be seen to be done，这意味着正义不仅应该实现，而且应该以人们可以看到的方式实现。为了实现正义的价值目标，法律必须使法律程序公开透明。我们必须促进阳光立法、阳光执法和阳光正义。程序的开放性可以促进人们监督法律的实施。只有程序公开，才能最大限度地保护人民的合法权益，避免人民的合法权益受到损害。正义还要求法律结果公平，公平的结果是公正的立足点和目的，关乎正义价值的实现。人民利益的公平包括分配给人民的权利应当公平、分配给人民的义务应当公平、分配给人民的责任应当公平、分配给人民的自由应当公平等。

前沿思考

本章从法学思想史角度，介绍了其起源、发展、成熟、趋势、不同时期的发展类型及历史地位影响。结合我国依法治国实际，介绍了强化法学学科建设的重要意义、健全法律法规对于社会善治的重要性。通过实际典型案例，介绍了法律在不同领域，对于解决矛盾、化解争端的必要性以及操作程序等。法学思维方式指人们运用法的精神要义和思维逻辑来观察、评断社会现象与自然现象，它是人类社会丰富的主观世界联结客观世界的途径之一。私有现象的产生和阶级利益对比的出现萌发与孕育了这种以权利义务为出发点而明辨是非的思维方式，商品经济的兴旺发达使之得以长足发展。法学思维方式作为人们观察与思索法律社会现象过程时形成的思维定式和模式，根植于经济的、民族的、历史的、文化的丰厚土壤之中。最富有根本意义的变革在于马克思主义世界观的诞生，其使得法学思维方式冲破了许多狭隘限定而日益成为无产阶级和广大人民群众认识世界与改造世界的有力思想武器。

第 12 章
CHAPTER TWELVE

从广袤的星空到我们的心灵
——天文与心理学

> 有两种东西,我对它们的思考越是深沉和持久,它们在我心灵中唤起的惊奇和敬畏就会日新月异,不断增长,这就是我头上的星空和心中的道德定律。
>
> ——康德

12.1 天问

《天问》是屈原所作的一篇楚辞。清代学者刘献庭在《离骚经讲录》中赞其为"千古万古至奇之作"。屈原怀着满腔的悲愤和忧伤被逐出楚国,彷徨于天地之间,途经楚国王室宗庙,看到墙壁上描绘着执掌宇宙洪荒的天神和行圣贤之事的古代圣君贤后感慨万千,于是在墙壁上写下了这篇千古奇作。

遂古之初,谁传道之?上下未形,何由考之?冥昭瞢暗,谁能极之？冯翼惟象，何以识之？明明暗暗，惟时何为？阴阳三合，何本何化？圜则九重，孰营度之？惟兹何功，孰初作之？斡维焉系，天极焉加？八柱何当，东南何亏？九天之际，安放安属？隅隈多有，谁知其数？天何所沓？十二焉分？日月安属？列星安陈？出自汤谷，次于蒙汜。自明及晦，所行几里？夜光何德，死则又育？厥利维何，而顾菟在腹？女岐无合，夫焉取九子？伯强何处？惠气安在？何阖而晦？何开而明？角宿未旦，曜灵安藏？……

屈子问天，开篇即对宇宙混沌、日月星辰、天地四方发问，且不说语言的瑰丽，仅是从文字内容就足可见屈子的常人所不能及的想象力。古人认为天有九重，这"九重"如何丈量？从日出到日落，太阳走过多远的距离？白昼与黑夜如何交替不断？月盈则亏的道理又是什么？这些天地之问，基本上能够依靠现代天文地理学知识给予解答，但是在2000多年前，屈子高睨大谈这天地之间的玄机，虽然所问悬而未决，但仍可看到作者相比同时代人进步的宇宙观和认识论。我们除了惊叹屈子非凡的学识和超卓的想象力外，也不难发现，先秦的中国人已经对天文有了无穷的探索欲望。

在比《天问》更早的典籍中，也有先人曾对昊天大空发表过看法。例如，《易经》上就有"仰以观于天文，俯以察于地理""观乎天文，以察时变"等记载。之后的《汉书·艺文志》中说："天文者，序二十八宿，步五星日月，以纪吉凶之象，圣王所以参政也。"可见在中国古代，天文一方面是指人们用肉眼观测到的斗转星移景象及对其的推算，另一方面是预卜吉凶、为帝王行事提供指导的上天示兆。

同其他许多发明创造一样，天文学在我国发展较早，智慧的古人留下了许多天文记录、星象历法和天文仪器，许多都是世界首创，独一无二，其算法的精妙、仪器的精致令现代人都叹为观止。比如，我国是世界上最早记录太阳黑子的国家。成书于公元前140年的《淮南子》就是世界上最早记录太阳黑子现象的著作，其中有着"日中有踆乌"的记述。而明确记载得最早的太阳黑子事件发生于公元前28年3月，也是由古代中国人记录下来的，《汉书·五行志》有载："河平元年……三月乙未，日出黄，有黑气大如钱，居日中央。"然而，西方科学界则是在1660年伽利略发明天文望远镜后，才确认了太阳黑子的存在。

中国对彗星的记录也是最早、最完整的。《春秋》上记录了鲁文公十四年（公元前613年）出现的彗星："秋七月，有星孛入于北斗。"这是关于哈雷彗星的最早记录。哈雷彗星是一颗周期彗星，每76年出现一次，从鲁文公十四年开始到清代宣统二年（公元1910年）止，哈雷彗星出现过31次，每次出现，我国都有详细的记录。例如，《史记·秦始皇本纪》记载："始皇七年，彗星先出东方，见北方，五月见西方……彗星复见西方十六日。"这段记载彗星出现的年、月、日、位置和近代科学家推算的完全相符。长沙马王堆三号汉墓出土了有彗星图的帛书，图中的彗星数量众多，形态各异，但是头部都有一个圆圈或圆点，有的中心还有一个较小的小圆圈或圆圈。这表明当时的人们已经观察到彗星具有不同的形式，并且其观测的准确性在今天也具有科学价值。中国古代早些时候对于彗星及其彗尾现象的成因就有一个比较靠近正确答案的认识："彗体无光，傅日而为光，故夕见则东指，晨见则西指。在日南北，皆随日光而指。顿挫其芒，或长或短……"以上言论出自成书于唐初的《晋书》。而欧洲在16世纪之前普遍认为彗星是大气中的一种燃烧现象。

古人之所以会如此精确地观测天文，是因为我国历来重视农耕，并且农业生产对季节时令有较高的要求。顾炎武曾说:"三代以上,人人皆知天文。"三代指夏、商、周,三代以上就是尧舜时期,那时候没有历法,人们想知道季节、时间就只能抬头望天,看日月星辰的方位,以此决定播种和收获的时间。经验积累到一定程度,到了汉朝,也就是公元前2世纪划分了二十四节气。汉武帝时期颁布的《太初历》是中国古代第一部比较完整的汉族历法,也是当时世界上最先进的历法。后来的南齐《大明历》、唐朝《戊寅元历》、元朝《授时历》以及明朝《崇祯历》《时宪历》都是在前人的基础上进行修改更正的,时间的计算也越来越精确。张衡、祖冲之、僧一行、沈括、郭守敬等天文学家,站在先民的肩膀上,凭借自身的才智和创造力,遥望银河,指摘星辰,为我国古代天文的发展做出了卓越的贡献。

不仅是我国,古代埃及人民也在天文上有较高的造诣。据说,埃及金字塔是依据古埃及人独特的天文测量方法修建的。金字塔的塔高与塔基周长的比基本上就是地球半径与周长的比。胡夫金字塔底面正方形的纵平分线延伸至无穷处,正是地球的子午线,这条纵平分线把地球上的陆地和海洋分成了两半,也把尼罗河口三角洲平分。胡夫金字塔、哈夫拉金字塔和门卡乌拉金字塔的相对位置与猎户座的三颗腰带星精确对应。金字塔与天文上的巧合仅仅是偶然吗?这些未解之谜为金字塔蒙上了又一层神秘色彩。

古希腊人的几何天文学也出现得较早。毕达哥拉斯在公元前500年前后提出了自己的宇宙观,他认为所有的天体都在一个完美的同心圆轨道上匀速运行,并且地球是这一同心圆的中心。这一思想在当时被认为是无可撼动的,直接影响了亚里士多德和托勒密的地球中心学说。"地心说"的代表人物托勒密也是古希腊天文学的集大成者,他的著作《天文学大成》一书总结了喜帕恰斯的研究成果,并记载了一些他本人所做的天文观测。该书中综合了古希腊和古巴比伦在行星运动方面的成就，一些几何模型和表格还可以用来计算未来时刻太阳、月球和5颗小行星的运动。这一思想影响西方长达1500年。中世纪宗教的地位逐渐抬升，但天文观测依然没有丧失其生命力——为了确定祈祷的时刻，伊斯兰教成立了专门的"授时者"官署，这给了天文学家一个受人尊敬的社会地位。不过此时天文观测受个人的影响较大，一旦丧失赞助人，天文学家就会失去他的天文台。

在天文学史上具有划时代意义的事件无疑是哥白尼提出"日心说"。哥白尼是文艺复兴时期的波兰天文学家，也是一名神父。他一生都是一个虔诚的天主教徒，成年的大部分时间是在费劳恩译格大教堂任职当一名教士。但这并不妨碍他在天文学上提出自己的伟大学说。哥白尼在长期观察和研究中发现了托勒密的错误，认识到天文学的发展不应该继续"修补"托勒密的旧学说，而是要发现宇宙结构的新学说。于是在他40岁的时候，哥白尼阐述了自己有关"日心说"的看法，之后完成了伟大的著作《天体运行论》。他通过计算得到恒星年的时间为365天6小时9分40秒，比精确值约多30秒，误差只有百万分之一；他得到的月亮到地球的平均距离是地球半径的60.30倍，与60.27倍相比，误差只有万分之五。

伽利略是利用望远镜观测天体并取得大量成果的第一位科学家。1609年，伽利略创制天文望远镜用来观测天体。他的天文观测主要包括如下几项：观测到的恒星数量随着望远镜倍率的增大而增加；银河是由无数单个的恒星组成的；月球表面有崎岖不平的现象；金星会有盈亏现象；发现木星最大的4颗卫星；太阳黑子等。另外，他通过天文观测还得出了众多重要结论，其中最突出的就是由黑子在日面上的自转周期得出太阳的自转周期为28天，这与实际的27.35天相差无几。

这些发现开辟了天文学的新时代。与伽利略同一时代的开普勒发现了行星运动的三大定律，分别是轨道定律、面积定律和周期定律。

在伽利略之后，牛顿横空出世。牛顿的万有引力定律在人类历史上第一次把天上和地上的运动统一起来，为"日心说"提供了有力的理论支持。牛顿通过三棱镜发现了太阳光的颜色构成，并动手制作出世界上第一架反射望远镜。此外，他还预言了地球不是正球体，同时指出潮汐的大小不但同月球的位相有关，而且同太阳的方位有关。牛顿力学使天体力学成了天文学新的分支，是天文学发展史上的一次飞跃。

在这之后另一位划时代的科学家爱因斯坦的物理学理论对天文学和天体物理学产生了巨大影响。爱因斯坦首先指出了无限宇宙与牛顿理论之间的内在矛盾。基于广义相对论，他建立了一个静态有限无界自洽动态宇宙模型。在这个模型中，宇宙在空间范围方面是一个封闭的连续体。这个连续体的体积是有限的，但它是一个弯曲的外壳，因此没有边界。与此同时，19世纪天体摄影和光谱技术的发明使天文学家能够进一步研究天体的物理性质、化学成分、运动状态和演化，从而深入了解问题的本质，这也促成了新的子学科天体物理学的诞生。20世纪中叶，射电望远镜开始应用。微波背景辐射、脉冲星、类星体和星际有机分子"天文学四大发现"陆续公布。同时，航空航天技术的发展也使人类可以飞到外太空观测天体。这些使得空间天文学得到了巨大发展，也对现代天文学的成就产生了很大影响。

"天地玄黄，宇宙洪荒。"从人类开始探索宇宙的奥秘至今，已经过去将近5000年。从神话传说里的盘古开天、女娲炼石到天体物理学、宇宙大爆炸学说，人类对头顶的星空不止于遥望，而是凭借科学技术的进步一点点地揭开它神秘的面纱。而回顾这一过程会发现，屈原《天问》中所体现的理性探索精神竟然从未磨灭过，我们在赞叹中开始叩问天机，而走近它，收获最多的依然是对自然无尽的赞叹。

12.2 自问

如果说天文学是人与自然万物的交流，那么心理学就是人与自身心灵的对话。《礼记》曰："人者，天地之心也。"德国著名心理学家艾宾浩斯曾这样概括心理学的发展历程："心理学有一个漫长的过去，但只有短暂的历史。"这样说并不矛盾，因为作为一门科学，心理学既古老又年轻，它源自古代哲学家、艺术家、医生对人的研究，却又是在19世纪才独立成为一门科学的。

在古希腊语中，心理学意为"灵魂"，因此古希腊将其看作关于灵魂的科学。此外，其也有呼吸的意思，因为古希腊人认为生物呼吸的停止，意味着生命的终结。在古希腊时期，心理学是哲学和自然科学中最为重要的一个领域，因为它所探讨的问题涉及一切生命现象，特别是涉及感性认识和理性认识的问题，以及心灵与形体的联系问题。亚里士多德的《论灵魂》是历史上第一部论述心理现象的著作。在该书中，亚里士多德论述了他对肉体和灵魂的看法：灵魂是形式，肉体是质料；灵魂不能在脱离客观世界的情况下独立思维。他还把认知功能分为感觉、意象、记忆和思维等。在他看来，感觉是外物作用于不同的器官才产生的，并且感觉的产生一定要通过某种中介物。他把心灵比作一块蜡，感觉则是客观事物在上面留下的印记。此外，他在理性与感觉的区别、思维的作用、理性认识的任务等方面的探索对后来心理学发展具有一定的积极作用。

中国古代虽然没有诞生一位心理学家，也没有一部心理学专著问世，但是丰富的心理学思想却可以散见于许多哲学著作里。尤其是先秦时代思想活跃，儒、墨、道、法各派纷纷著书立说，各派都讨论过人性的本质问题。儒家经典《论语》中就蕴含了孔子丰富的心理学思想。孔子认为"天命"是自然运行的必然性而又难以抗拒，所以他提倡："尽人事，知天命。""知天命"就是要认识自然规律，孔子"五十而知天命"说明他的一生也是在践行这一观点，这就是他心理学思想中天人论的体现。此外，还有他关于感知的心理学思想，多见于他所倡导的"多见""多闻"中。"学而不思则罔，思而不学则殆"也是他思维和感知辩证思想的体现。

魏晋玄学、宋明理学也都对人的本质、格物致知、心性、道德有过热烈的探讨。宋代朱熹十分注重"胎教"，认为怀孕母亲的行为举止会对腹中胎儿有直接影响；程颢、程颐兄弟重视学习的作用，他们认为一个人的智力、性格、品质基本上是在幼年时期定型的，这些对后来的教育心理学和学习心理学都有较大影响。

现代心理学的开端通常被认为以德国生理学家冯特于1879年在莱比锡大学建立了第一个心理学实验室为标志，并且他也是第一个自称为"心理学家"的人。现代心理学作为一门学科的出现是基于现代哲学思想和实验生理学的。17～19世纪的哲学理性主义和经验主义为心理学的出现提供了理论基础。笛卡儿认为理性是衡量真理的唯一标准。他用反射的概念来解释动物的行为和人类的一些无意识行为。然而，他认为只有人类才有思想，人的肉体是物质实体，心灵是精神实体。头脑和人体可以相互影响、相互作用、互相促成。这是一种典型的二元论，在今天看来是错误的，但在当时，他的理论起着推动和进步的作用。在身心关系中，他信奉"天赋"的观念，并认为人的思想并非来自经验，而是人类先天的赋予。这一观点不仅为解剖学和生理学的相关研究做出了巨大贡献，而且促进了心理学的发展。

以霍布斯和洛克为代表的经验论认为经验是人的一切知识或观念的唯一来源。洛克将"自我"定义为"会以意识思考的东西"。他认为人的心灵开始时就像一块"白板"，一切都是后天经验获得的。这种经验分为两种：外部经验和内部经验。外部经验就是感觉，来源于外部客观世界；内部经验是反省，来源于人对自己思维、意愿的观察和思考。洛克的经验论摇摆于唯物主义和唯心主义之间，并且在日后朝着这两个方向继续发展，形成了理想主义思潮。

心理学与神经科学、医学、生物学等科学联系密切，现代心理学的许多研究方法都产生于生理学。18世纪，西尔维斯开创性地提出生命体的生理过程和非生命体的化学过程是一回事。19世纪，德国科学家赫尔姆霍茨用青蛙运动神经测量了神经的传导速度，为生理学和心理学测量奠定了基础。英国神经学家杰克逊发现了大脑皮层的功能分工，如中央沟前负责运动、中央沟后负责感觉等。这些研究都增进了人们对人脑机能的了解，对研究心理现象和生理机制意义重大。

心理学有众多分支，这些不同派系自心理学成立之初就存在着分歧。例如，20世纪重要的理论派别有构造主义、机能主义、行为主义、精神分析学派等，心理学就在各派的相互交流和影响下不断发展。第二次世界大战后，一些重要的研究取向日渐明朗，包括行为主义的研究、生理心理学的研究、心理分析的研究、认知心理学的研究、人本主义心理学的研究、进化心理学的研究，等等。此时，心理学家已经不再执着于派别的纷争、界限的划分，而是相互吸收、交叉融合，这也是近代心理学发展进步的根本。

在这些不同的理论派别中，行为主义的兴起被认为是西方心理学发展的第一次革命。其创始人是美国的心理学家华生。1913年，华生在美国《心理学评论》杂志上发表了题为"一个行为主义者所认为的心理学"的论文,阐明了他的行为主义观点,该论文一般被认为是行为心理学的正式宣言。行为主义本身有三个阶段:古典主义时期、新行为主义时期和新的新行为主义时期。行为主义心理学认为心理学是纯粹的自然科学,他们批判了传统意识心理学,认为为了使心理学获得与生物学、物理学等自然科学相同的地位,有必要放弃心理学研究中的所有主观概念和术语,采用更客观的研究对象和方法。行为主义有丰富的研究方法,包括观察、调节、语言报告、测试和社会实验。观测包括通过仪器进行的测量。条件反射法是一种将生理学调节方法引入心理学行为研究的方法,是行为主义心理学中最重要的研究方法。语音报告方法是报告身体的变化,也称为口头报告方法。行为主义测试是测试受试者对刺激情况的反应:此方法可以应用于有语言缺陷的人。行为主义的社会实验方法可以说是行为主义原则在社会问题研究中的应用,可以在一定程度上考察社会环境与社会变迁之间的关系。

心理学既然作为一门科学,就必然离不开实验。一些著名的心理学实验或许能够帮助我们理解心理学和心理学家究竟是干什么的。历史上有名的心理学实验也多是有争议的,毕竟实验是创造、控制、改变一些变量,促使人或动物产生一定的心理现象,再对其进行观察和分析,这就不可避免地涉及一些道德和伦理问题。

霍桑实验是心理学中最著名的实验之一。这是美国国家科学院的国家科学委员会于1924～1932年在西方电气公司旗下的霍桑工厂进行的一项实验。实验分为两个阶段:前期是照明实验,目的是搞清楚照明质量对工人生产效率的影响,但未呈现实质性结果。后期实验由哈佛大学心理学教授梅奥等人接管,并继续进行。梅奥的第一个实验是调查福利和生产力变化之间的关系。然而,经过两年多的实验,无论福利待遇如何变化，如工资支付方式的变化、福利措施和休息时间的增减等，都不会影响整体生产力，甚至工人自己也不清楚生产效率提高的原因。之后，梅奥开始第二个实验——与工人进行面谈。但是在实际调查中，工人们借此发泄了自己对工厂管理制度的不满，而访谈结果也让调查者感到意外，由于心中的不满得到了宣泄，工人们的生产效率竟然又提高了。梅奥的第三个实验是选择14名男性工人在不同的房间工作，并为他们实施计件制。实验者最初认为，实施这种绩效方法会使工人更加努力以获得更多奖励。正是在这个实验中，梅奥提出了"非正式群体"的概念。而实验得出的"霍桑效应"，也体现了有人参与的心理学实验中由于人性的复杂会存在许多不确定的因素。

还有著名的米尔格伦实验，也叫电击实验。这是由耶鲁大学心理学家史坦利·米尔格伦于1963年发起的。实验参与者被告知这是一个关于"体罚对学习行为的效用"的实验，并在实验中扮演"老师"的角色。隔壁房间的另一位参与者（实际上是由实验者冒充）是一名学生。如果学生答错问题，老师会被要求对学生进行电击，实际上学生不会受到电击，但是假扮学生的研究人员会装作痛苦地尖叫两声。电击的强度一次次增加，即使作为老师的被试人员表示不愿再进行电击实验，研究人员也会催促他继续下去。在实验之前，米尔格伦和他的同事预测了实验结果，他们认为只有少数几个人会狠下心来对学生进行持续惩罚直到最大电压。然而，在第一次实验中，就有65%的参与者（40个中的26个）最终将惩罚电压增至450伏。尽管他们都表现出不太舒服，当电压达到一定水平时，每个人都会暂停并质疑实验，有些人甚至说他们想要停止实验，但没有参与者坚持在惩罚电压达到300伏之前停止。该实验的目的是测试当受试者遇到来自当前违反良心的命令时是否仍然会选择服从。当然，直到现在，许多科学家都认为这是违反实验伦理的。近些年来，也有诸多学者通过原始资料发现此项实验存在诸多疑点，例如，实验者对被试者进行干扰和暗示引导，从而改变被试者的心态和行为，强化其角色意识，而非让被试者自然选择行为。

如今，随着人们生活的发展，心理学开始逐渐走出实验室，走进寻常人的生活。市场消费、企业管理、学校教育、军事司法等多个领域都能看到它的身影。应用心理学已成为发展速度最快的心理学分支之一。其中，消费心理是基于群众的消费行为，研究消费者在购买及使用商品过程中的心理和行为规律，是商业心理学的主要分支之一。消费者心理涉及商品、广告、特点、营销方法等；消费者的态度、情感、动机、偏好、消费者信息来源以及消费决策过程都是消费者心理的研究领域。教育心理学是受教育者和教育者在教育教学过程中心理活动现象及其产生和变化规律的一个分支，在教育过程中培养道德行为、道德情感和审美情感也是教育心理学的范畴。法律心理学是法律与心理学之间的跨学科主题，处于应用社会心理学领域，研究与法律相关的各种人的心理活动规律，研究内容包括立法心理学、犯罪心理学、法学教育心理学、司法心理学，以及劳动改造心理学和民事诉讼心理学等。

研究心理学对正确解释人的心理现象具有重要意义。曾经人们以为灵魂和肉体能够分离，以为梦是一种幻象，以为神明鬼怪可以主宰人的思想……这些想法现在看来荒诞不经，但在当时却是不容置疑的。是心理学让人类开始对自身的躯干和思维有了理性的认识，这对破除封建迷信、帮助人们形成科学的世界观和人生观具有重要意义。不仅如此，通过掌握心理现象的规律，人们还可以预测和控制心理现象。心理危机干预可以使一个人在遇到沉重的心理创伤和打击而导致精神崩溃时，通过采取心理咨询进行恢复。例如，高血压、冠心病、恶性肿瘤等许多疾病与心理因素存在一定的关系，通过心理干预，可以缓和心理压力，以防止躯体疾病的加剧。这些都表明，心理学对人们生活的影响越来越重要。

12.3　星空与心灵

"你是什么星座？"这已经成为现在年轻人聊天时的一大话题。如果恰好问到一个对星座感兴趣的朋友，他一定会滔滔不绝地给你讲起各个星座的特征：白羊座的人热情冲动；狮子座的人骄傲自信；处女座的人追求完美；水瓶座的人追求独一无二……

从天文学角度来看，星座不是凭空臆想的，而是真实存在的，只不过不是12个，而是88个。1928年国际天文学联合会正式公布国际通用的星座有88个，这88个星座根据在天上的不同位置和恒星出没的情况，划成五大区域，即北天拱极星座、北天星座、黄道十二星座、赤道带星座、南天星座，其中的黄道十二星座最为人们所熟知，就是我们一般所了解的巨蟹座、双子座、摩羯座等12个星座。当被问到自己是什么星座时，没有人回答自己是小熊座或者猎户座，它们一个属于北天拱极星座，一个属于赤道带星座。但是这两个星座也不一般，在北半球，小熊座的北极星是人们确定方位的重要依据；在冬季，明亮的猎户座可以帮助人们确定其他星座的位置。作为识别位置的重要标志，星座自古至今始终发挥着重要作用，但它又是如何与人们的性格命运挂钩的呢？

将天上的星星与人联系起来，这种思想很早就萌生了。古人认为，人与自然是相通的，具体的年代、作者皆已不可考的《黄帝内经·灵枢》这样描述人和自然的关系：

> 天圆地方，人头圆足方以应之。天有日月，人有两目。地有九州，人有九窍。天有风雨，人有喜怒。天有雷电，人有音声。天有四时，人有四肢。天有五音，人有五藏。天有六律，人有六腑。天有冬夏，人有寒热……春生、夏长、秋收、冬藏，是气之常也。人亦应之。

先人们依据天地同律的原则创建了独特的"五运六气"历，这种历法特别注意气候变化、人体生理现象与时间周期的关系，若是人们能够严格依据这一历法行事，按照古人的说法，那就是达到"天人合一"的境界了。这反映了人与天之间存在着"随应而动"和"制天而用"的统一。在这样的思想的指导下，占星术逐渐发展起来。这是一种借助各个天体间的相对位置和相对运动来解释或预言人的命运与行为的系统。

虽然中国古代在很早的时候就出现了天文纪事，但是占星术一般被认为是从印度或更远的西方传入我国的。有力的证据是古巴比伦人在公元前5世纪就划分了黄道十二宫位，并赋予它们美丽的名称。值得注意的是，尽管它们的名称一样，但黄道十二宫与十二星座并不相同。太阳在黄道上自西向东运行，12个月刚好运行1周，因此古巴比伦人把黄道分成12等份，每等份30度，称为一段，也就是一宫，宫与宫的大小是固定的。大致有12个星座，这些星座是古巴比伦人凭借超人的想象力，将一些亮星按照动物或神的形状进行划分的。星相学家认为，人降生时，日、月及金、木、水、火、土五星运动到一定位置，这些星体发出的能量会影响一个人的身心和未来。因此在一个临近的时间段，也就是太阳运行到某一宫时出生的人往往性格命数相似，这就是十二星座性格不同的由来。星相学家甚至还会根据黄道十二宫和其他星体之间复杂的几何关系，算出行星的影响力，并发挥充分的想象寻觅上述各种因素与地上事件的对应关系，以达到占卜预测的目的。尽管这种结果有时会自相矛盾，但占星者会根据求占者的情况和本人的经验加以圆通。这样的占星学说先是传入埃及、希腊、近东地区，后来经由印度僧人传到我国。

从科学角度来看，迄今没有任何科学的理论体系可以解释天体的位置如何影响人的命运。有些人质疑说，星辰的引力可以影响一个人，那一个人出生时的接生医生可能比宇宙中所有星辰的影响都要大。因此，大多数自然科学家认为占星术是一门伪科学。

根据皮格马利翁效应，若是一个人相信什么事情会发生的话，最终他有可能会自觉或不自觉地导致这件事的发生。中国人爱说"正梦反梦"，梦到好事就觉得是正梦会应验，梦到不好的就告诉自己梦是反的，这样给自己心理暗示可以让事情朝着好的一面发展，时刻警示自己不要把事情变糟。星座运程也是如此，从心理学的角度来说，这样的自我影响说明占星术可以被用来作为自我反省和自我了解的工具，从这一点上来说它和别的预言手段（如塔罗牌）的作用是一样的。但不管怎样，占星出现在几乎每一种文明历史中并延续至今，可见其有自身的生命力，把人的生命和日月星辰联系起来，这样看似有理又难以解释的神秘感才是其最吸引人之处。

前沿思考

人类从何时开始仰望星空，就从何时开始思考自我。宇宙的浩渺和思维的深邃同样令人着迷，科学家凭借天文望远镜观测几万光年以外的星云，也同样用显微镜观察神经的构成。宇宙的令人不解之处就在于它是可解的，而人的心理不也是如此吗？人们用思维思考思维，用行动观察行动。宇宙和人的心灵，一个是至极的宏观世界，一个是至细的微观生命体，两者看似天壤之别，实则不谋而合。从"地心说"到"日心说"，正如从自我意识到集体无意识。人们仰望星空时，心灵的某处必然受到震撼，肉体与时空暗暗契合之处，应该就是自然最美妙的地方。

第 13 章
CHAPTER THIRTEEN

宗教、文明与文化
——人类精神世界的变迁

　　精神世界如同浩瀚的海洋，我们仅仅是其中的一叶扁舟，仅仅是踩在巨人肩膀上的渺小个体，我们去探索、去发掘，从人类最初的宗教膜拜、敬畏到科学概念、体系的构建。在这个过程中，我们可能会对诸多科学问题困境提出疑问，我们可能会寻求精神世界的真善美，我们可能会思考人类社会如何重建精神世界。下面，让我们一起走进人类精神世界的海洋去感受、去遨游。

13.1　理性不是万能的

　　我们在生活中总是会强调理性与感性的结合，然而，运用理性并不能领悟所有的客观存在，人类的思想还无法记载所有的形象和形式，理性是受自然所限制和制约的。所以，我们有理由认为理性不是万能的。谈到这，不得不提的是人类文化的产生。宗教是人类社会中一种重要的文化现象，但宗教现象并不是一开始就存在的，而是人类社会发展的产物。在原始社会时期，古人对待神灵的态度是无限的崇拜、敬畏，产生了很多的宗教行为，大致分为两种：第一种是对世界之外超自然力的神秘崇拜；第二种是以神灵为媒介，对神灵的敬畏和膜拜。

关于宗教的起源，笔者认为是人们在面对社会或自然问题无法解决时，进而衍生出对超自然力的信仰和敬畏。那时的人对自然是无能为力的，即使是伪科学也可能因为可以很好地解释自然现象而受到追捧，在此过程中，对自然发生现象的思考便形成了宗教行为。宗教来源多种多样，可能源于自然神话、图腾崇拜、神灵巫术等，经过长时期发展，最后形成人们竞相遵守的日常行为规范，是一定社会历史条件下的产物。

宗教产生于特定的历史条件下，当时的社会生产力水平极为低下，很多自然现象得不到合理的解释，所以人们便将这些自然的现象归因于超越自然的力量，也就是在这时，人们对神灵的崇拜开始了，最原始的宗教从而产生了。后来，随着社会生产力的不断提升，人类文明不断开化，社会文明也取得了一系列的进步。相比于远古时代的图腾崇拜、神灵膜拜，古代的宗教信仰逐渐形成了体系。

宗教行为是离不开社会生产力的发展的，宗教现象是一定时期社会发展的产物。作为文化现象的宗教已经从小范围的集体讨论走向社会，成为人们思考人文社会现象的关键问题，研究宗教问题是必不可少的热点、重点社会问题。对传统宗教的研究，早在几千年前就提出了林林总总的关于宗教的理论和学说，宗教学奠基人麦克斯·缪勒在其著作《宗教的起源与发展》中提出了构成宗教学的四个部分：第一个部分是材料层次，包括全世界各民族的宗教史实和现象，比如神话、风俗、语言、仪式等；第二个部分是分类整理，即按照材料的血缘关系、对象关系、语言关系等划分为不同的群落；第三个部分是比较宗教学，旨在通过比较性研究，了解不同宗教间的相似之处与差异；第四个部分是理论宗教学，重点在于概括和解决。自18世纪诞生以来，宗教学就被定位为一门独立于神学之外的科学学科，尤其是宗教学以客观态度和科学方法研究世界上的一切宗教现象，绝不是某一种宗教的护教学。

目前，宗教学已经发展出了完整的学科体系，所涉及的研究内容主要包括五个部分：第一部分，对宗教的理论或意识，也就是神学思想的研究；第二部分，对宗教的组织和制度的研究；第三部分，对宗教行为或宗教生活过程的研究；第四部分，对宗教的社会功能和作用的研究；第五部分，对宗教与社会其他领域相互关系的研究。

宗教作为一种社会意识形态取决于社会上层建筑的发展，影响着人们的信仰和生活的方方面面。宗教的核心要素是观念和思想，使人感受人文情怀和人文素养，并通过基本行为进行规范，形成以制度化为特点的组织管理。宗教的本质是思想性，随着基督教在世界广泛范围的传播，其作用和意义都不容忽视。下文将对基督教的起源和发展进行简单介绍。

天主教、新教、东正教、基督教马龙派等统称为基督教，中文语境中的"基督教"通常指的是新教。天主教、新教和东正教这基督教的三大教派与基督教马龙派的正式统称一般使用"基督宗教"这一术语。后文所提及"基督教"指代的就是"基督宗教"。

基督教及其教会在中世纪的西方世界占据统治地位是毋庸置疑的，无论是政治、经济、思想，还是文化领域都由基督教思想主导，比如，对欧亚文明进程造成巨大影响的九次"十字军东征"都带有鲜明的宗教色彩；以罗马教廷为首的基督教教会作为基督教的有形机构主宰着中世纪欧洲。

说到基督教的影响，必须指出的是，文艺复兴时期，基督教和文艺复兴并不是敌对的，而是相互促进和相互影响的。在文艺复兴时期，启蒙学者提出了人类的合理性，即把人们从宗教的默默无知中解放出来。传统的宗教形式受到了激烈的批评，并提到了基督教对启蒙文化的影响。笔者认为，最大的影响是基督教中的新教，新教伦理在资本主义的发展中起着至关重要的作用。新教伦理倡导节俭，倡导做生意赚钱，并认为个人财富的实现与信仰上帝是一体的。因此，新教伦理在资本主义发展的早期促进了资本积累，使社会上的人们感到他们的工作对上帝是有意义的和光荣的。因此，它促进了资本主义初期的进一步社会分工。新教伦理不再坚持传统的天主教仪式，而是强调人们可以直接与上帝沟通，无须经过教会。在世俗中，这可以说是客观地促进了人类解放和促进了自由的发展。

总之，基督教在一定时期内的影响力是不容忽视的，它给人们带来了精神和道德的升华。除了古希腊的理性精神外，它还提供了一种统一而持久的精神信仰，激励着人们辛勤耕耘，并不断追求进步。信徒的良知也规范了社会约定俗成的规章制度，教会已成为集聚社会家庭的组织纽带，并已成为秩序与和平的源泉。在当时特定的历史环境中，欧洲社会在思想和社会生活中与宗教密切相关。产生各种现代科学的因素也受到基督教的影响，对于现代科学的诞生，在分析这些因素的过程中，基督教的作用也将凸显。

宗教作为一种社会现象已有数千年的历史。宗教本身的意义是对神灵的敬畏和信仰、对古代图腾的崇拜等。它对促进人类社会的发展起着一定的作用，使得在资源匮乏的时代，处于底层的人有精神上的支持和寄托。当社会生产力发展到一定阶段时，社会文明也取得了重大进展，人类社会系统地总结和归纳了信仰问题。与古代原始宗教信仰相比，它形成了自己的体系和制度框架。这就是我们现在意义上的成熟宗教。所以说，宗教的产生不是一蹴而就的，是与人类生产力的进步和发展紧密相连的，是一定阶段下人类社会的产物。

宗教是一种客观的社会历史现象，与社会物质生活和精神文明的各个方面密切相关。宗教的基本关系包括：宗教信仰、历史进程、地域传播、社会功能等的关系；原始宗教、古代宗教、中世纪宗教、近现代宗教、当代宗教和未来宗教之间的递进关系和继承关系；根据社会影响，有主流宗教与非主流宗教的关系；根据具体的地域关系，有传统宗教与外来宗教之间的关系，以及各种宗教内部派别之间的关系。通过对宗教的纵向划分，研究历史上各种宗教形式之间的连续关系，我们可以找到宗教生成和发展的根源及其内在动力和发展规律，进而深入探讨宗教普遍存在的演变过程。这也是一般意义上的宗教历史研究，即在世界历史范畴中进行研究，寻求宗教发展的规律。

13.2 人是万物的尺度

普罗泰戈拉曾提到："人是万物的尺度，是存在的事物存在的尺度，也是不存在的事物不存在的尺度。"虽然它强调主观唯心主义，但它涉及了主观性和客观性之间的关系。如果宗教是一种主观产物，那么科学必须是一种客观存在。随着人类社会的不断发展和科学技术的不断成熟，现代科学应运而生，标志着人类对自然的理解打开了新世界的大门。自然科学的出现促成了人们对自然界按照不同领域开始研究的模式。每个领域都有自己的特定形式和规则，就此形成了各种类型的自然科学研究领域。现代自然科学诞生于15世纪下半叶，最初出现在西欧，与当时欧洲社会的发展程度密切相关。在此期间，资本主义的生产关系出现在欧洲，文艺复兴与宗教改革为现代科学的生产和发展提供了良好的土壤。尽管对近代科学的看法众说纷纭，但就通识而言，近代科学就是那个时期的人们看待自然、处理自然的知识形式和体系，其中也不乏宗教的作用。

古希腊是人类科学的发源地。恩格斯曾指出："如果理论自然科学想追溯自己今天的一般原理发生和发展的历史，它也不得不回到古希腊那里。"学术界普遍认为古希腊哲学是现代科学的源泉。古希腊哲学可分为四个主要发展阶段：爱奥尼亚阶段、雅典阶段、亚历山大或希腊阶段和罗马阶段。古希腊科学在每个阶段都有不同程度的发展。在爱奥尼亚阶段，自然哲学家首先摆脱了青铜器时代的神话观，以物质主义的方式推测世界的构成，并探索世界的起源。在雅典阶段，在民主城邦的政治体制下，古希腊科学文化发展到了巅峰，哲学研究对象从解释物质世界转向了解人。希腊阶段是科学史上一个非常重要的时期，诞生了欧几里得、阿基米德和希帕克斯等古典科学的"黄金一代"。罗马阶段作为古典科学与近代科学之间的过渡，在整个科学发展进程中也发挥了重要作用。

自从迈入了阶级社会的大门，人类对自然界的认识开始逐渐与"神祟"思维分离。古希腊人首先开始以整个自然世界为对象展开研究，古希腊文明也是人类历史上理性的自然观的先驱者，并逐渐发展成为科学精神的基本要素。科学无法解释的自然现象经常被古希腊先贤们从哲学的角度进行推测，古希腊哲学开始改变泰勒斯的思维方式，尝试将人们从传统的神话思维牢笼中解放出来，并以哲学的方式探索所有事物的"本原"问题。

毕达哥拉斯提出了"万物皆数"的思想，根据毕达哥拉斯学派的说法，点是由数产生的，之后以点成线、以线成面、以面成体。同时，毕达哥拉斯还第一次提出了世界是球体的理论，并基于和谐的概念研究了一套宇宙系统。

关于对世界原始的探索，古希腊的最高成就是关于原子论的引入。古代原子论的创始人是米利都的留基伯，他认为原子是不可分割的粒子。他的学生德谟克利特继承和发展了前人的思想成就，提出了万物的起源是"原子"和"虚空"，被马克思和恩格斯称赞为"经验丰富的自然科学家和希腊人中第一位百科全书式的学者"。虽然这一理论仍是抽象的空中楼阁，但也反映了人类对自然的理性思考，许多现代科学思想直接或间接地受到了该理论的影响。欧几里得所著的《几何原本》共十三卷，几乎涵盖了初等几何的全部内容。全书以逻辑推理证明了约 500 个定理，其中的第一卷中所列的 23 条定义、5 条公设、5 条公理构成了全书的理论基础。《几何原本》是古希腊数学史上的一座丰碑，是古希腊理性科学思想成熟的代表。值得注意的是，古希腊思想家研究数学的目的并非解决实际问题，而是解释世界。除数学之外的其他学科在很大程度上只能算是数学的一个分支。天文学将天体视为"点"，并利用观测数据建立天体的几何模型；光学是几何学的应用；音乐和声学也是算术的应用。

15 世纪下半叶，欧洲出现了真正意义上的现代自然科学。现代自然科学的诞生标志着人类对自然的理解进入了一个新的阶段。自然科学只是整个科学系统的子系统，科学系统是整个文化系统的子系统。总的来说，文化内涵包含了科学文化和人文文化，反映了人类的合理性和价值。事实上，科学与人文的关系归根到底是科学精神与人文精神的关系，二者都是人类精神不可或缺的一部分。他们对应统一的关系是相互区别、相互关联、不可分割的。这两者既不同又互补，不能忽视任何一方。两者的融合应该在思想和实践中实现。下面，我们将基督教对现代科学的影响作为切入点，以帮助我们更好地理解近代科学的兴起。

在文艺复兴时期，新教就被创造出来了。新教是16世纪天主教会在宗教改革运动中形成的一个新教派，或者说是一种逐渐分裂的派别。新教的基本教义体现在强调"因信称义"的学说中，并且对上帝的赞美是新教的核心内容，应尽一切可能为上帝服务。新教的教义将世俗事务视为个人最崇高的道德活动，从而使世俗的工作具有宗教意义并得到教义的支持。每个人都从事上帝所称的职业，并为人们提供新的人生目标。这种学说也导致了一种禁欲主义的出现，它要求人们放弃世界的低级乐趣，通过努力和成功为上帝与自己赢得荣耀。

17世纪的许多科学家都是神学家，他们探索自然是为了赞美上帝。这个出发点是他们不懈努力的精神支柱，同时也推动了科学的发展。由于发现对科学的研究可以扩展人类控制自然的能力，因此，宗教认为科学的价值是不可估量的。与此同时，教会及权力阶层在这种情况下对科学也采取了支持或默许的态度。这也许是由于教会需要维护自己的统治，也许只是教皇或其他有权势的大人物的个人偏好，但这种有意无意的支持催生了近代自然科学，迈出了科学与神学分离的重要一步。

文艺复兴后，经过培根的大力宣传和伽利略的物理实践，实验方法逐渐成为人类探索自然与测试科学假设的最基本、最重要和最常用的方法。正是该系统实验方法的诞生和发展，最终导致了近代自然科学与其母体——自然哲学的分离，走上了自主发展的道路。实验方法可以促进近代自然科学的诞生和发展主要归因于它不仅可以创造典型的、系统的、纯粹的大量实验现象作为科学研究的感性材料，而且可以用实验的结果对科学假设进行严格的测试。

古希腊理性科学中的"自由"意味着未来是完全开放式的,这里所谓的"开放的未来"并非指对不变宿命或片面因果的否定,而是走向了另一个极端——割裂了过去、现在和未来之间的联系。然而,近代西方科学认为过去和现在都是透明的,强调的是客观事物的可控性。从这个意义上说,所谓的"自由"将不复存在。在这个应用科学的时代,我们应该积极追求科学精神。正如爱因斯坦所说的:"这种自由的精神在于思想上不受权威和社会偏见的束缚,也不受一般违背哲理的常规和习惯的束缚,这种内心的自由是大自然难得赋予的一种礼物,也是值得每个人追求的一个目标。"

13.3 真善美

真善美是人们的美好追求和希望,那么延伸到人类社会的发展,笔者认为,真善美是指人文精神和人文关怀,即把人放在制高点,作为价值的起源和世界的中心,然后关爱生命,进而关注精神生活及其创造力存在的价值和意义,以及关注整个生命的产生和自由发展。人文精神是一种人类普遍存在的自我关怀情感,体现在人类对自身尊严、价值和命运的掌控上,体现在对先辈遗留的各种精神文化和物质文化的关注上,还体现在全面发展的理想人格上。人文学科是以人文精神为重点的知识教育体系,侧重于人类价值观和人文精神的外在表现。

早在"人类文明的轴心时代"的古希腊已经孕育了人文精神。例如,"智者学派"和苏格拉底已经提出人们应该关注自己的灵魂、区分善恶,用道德建设社会。苏格拉底使哲学真正成为学者的研究和启蒙的源泉。柏拉图为理性主义的发展奠定了基础。亚里士多德进一步发展了人文主义思想,是古典哲学的大师。斯多亚学派首次展示了西方人文主义的核心理论，如天赋人权和人人生而平等。古希腊时代的精神火花促成了欧洲历史上的第二次思想解放运动，突破了神学的束缚，唤醒了人们的自我意识，这是新航线的精神力量和源泉之一。

波普尔的"三个世界"理论很好地解释了我们所感知的现实世界与精神世界之间的关系。虽然他的这种理论依然是形而上的，但似乎当时没有人认为这是伪问题或伪科学，因为它确实是高度提炼后的理性产物。在波普尔的理论中，存在着三个世界：物理世界、精神世界和客观知识世界。与物理学中"物理"的专业概念不同，物理世界中的"物理"是指客观世界的一切物质客体及其各种现象。精神世界是指一切主观精神活动。客观知识世界是指人类精神产物的世界。

关于"三个世界"的理念，柏拉图还有一种分类：感性世界、理念世界和灵魂世界。从波普尔的理论中，我们不难看出宗教的形成是来自人类社会的发展，并非凭空出现。以基督教为例，足以证明在特定时期内宗教对人类社会的发展、近代科学的形成与兴起有重要的作用。古希腊的西方科学是近代科学的基石，数理实验模式的成型是近代科学建立的动力。同时，自然科学和人文社会科学是密不可分的，文明开化促使着人类精神文明的火花不断涌现，人文精神已成为判断精神文明的重要指标之一。我们有理由认为人类社会是具体世界的载体，宗教和自然科学是理念世界与灵魂世界的两个重要抓手，只有不断重塑精神世界，才能促进波普尔"三个世界"构想的实现。基于人类社会的不断发展向前，我们有理由继续期待着人文精神和自然科学的进一步完美结合。

前沿思考

我们应该辩证地看待精神世界的建构，只有真与假共存、善与恶消长、爱与恨交织的矛盾世界才是真正向前发展的世界，而且世界的前进往往来自事物积极方面的引领和负面因素的倒逼，有时候后者也对前者的推动具有决定性的作用。中国目前处于社会转型期和时空压缩状态，这种压缩状态会对我们的精神世界产生深刻的影响。过快的社会变迁势必导致社会中的人、由人组成的群体等出现一系列的不适应状态。应对此类状况，不仅需要不断改善精神世界的外部环境，而且需要合理地完善中国人的精神文明体系，平衡精神世界的各个方面。最后，我们必须将道路自信、理论自信、制度自信和文化自信"四个自信"转化为人们日常精神生活中的理性认识与自觉意识，坚定我们的民族自信心。

REFERENCE

参 考 文 献

阿尔伯特·爱因斯坦,利·英费尔德.物理学的进化.周肇威,译.上海：上海科学技术出版社,1962.

白寿彝.中国通史.上海：上海人民出版社,2015.

薄伽丘.十日谈.王永年,译.北京：人民文学出版社,1996.

博登海默.法理学：法律哲学与法律方法.邓正来,译.北京：中国政法大学出版社,2004.

陈安.樱花残：灾难视角下的日本文化.北京：中国科学技术出版社,2017.

程秋君.技术哲学与工程哲学的界面.西安：西安建筑科技大学硕士学位论文,2005.

丹尼尔·培根.七巧板大全.马丽君,译.沈阳：辽宁少年儿童出版社,2015.

董翠玲.意义浅析：心理学与经济学的互涉.全国商情（理论研究）,2013（10）：84-85.

方海泉,周铁军,桑宝祥,等.对数螺线、黄金分割与斐波那契数列的完美统一.数学理论与应用,2009(4):11-13.

高良谋,高静美.管理学的价值性困境:回顾、争鸣与评论.管理世界,2011(1):145-167.

郭波,辛立国,单文博.解读斯密——试析《国富论》对建设中国社会主义的启示.大连大学学报(社会科学版),2005(3):64-68.

郭奕玲.李政道教授在清华大学讲演没有今日的基础科学就没有明日的科技应用.物理与工程,1992(3):1-3.

洪远朋,金伯富.经济学的发展与创新.中国社会科学,1997(3):4-17.

胡沫,赵凯荣.论"历史决定论"的贫困.广西社会科学,2012(1):64-69.

加西亚·马尔克斯.百年孤独.范晔,译.海口:南海出版公司,2011.

贾雷德·戴蒙德.枪炮、病菌与钢铁:人类社会的命运.谢延光,译.上海:上海译文出版社,2016.

卡尔·波普尔.历史决定论的贫困.杜汝楫,邱仁宗,译.上海:上海人民出版社,2015.

李伯聪,成素梅.工程哲学的兴起及当前进展——李伯聪教授学术访谈录.哲学分析,2011(4):146-162.

李世安.试论英国大宪章人权思想的产生、发展及其世界影响.河南师范大学学报(哲学社会科学版),2001,28(5):56-60.

李爽.行为经济学与实验经济学综述及在中国的应用和发展.广播电视大学学报(哲学社会科学版),2015(3):28-34,41.

李毅.论基督教对近代欧洲科学及科学家的影响.成都:成都理工大学硕士学位论文,2009.

李云鹏.约翰·奥斯丁与现代法理学的诞生.新西部,2013(2):126-

127.

刘兵军, 欧阳令南. 行为经济学和实验经济学的理论与实践研究. 中央财经大学学报, 2003（2）：38-42.

刘大为. 都江堰：优美的工程诗篇. 力学与实践, 2011（3）：97-101.

刘建军. 论欧洲文艺复兴运动新文化的多重起源. 东北师大学报（哲学社会科学版）, 1999（2）：62-71.

刘霆昭. 精神文明的火花. 中国建材, 1983（6）：7-8.

刘伟光. 传统文化视域下科学精神与人文精神的融合. 锦州：渤海大学硕士学位论文, 2014.

刘昱东, 曾华锋. "两弹一星"工程中"三位一体"管理体制研究. 自然辩证法研究, 2013（10）：74-78.

刘中才. 关于波普尔三个世界理论的思考. 情报学刊, 1987（2）：88-90.

迈克尔·霍斯金. 天文学简史. 陈道汉, 译. 南京：译林出版社, 2013.

梅祖蓉. 论1215年《大宪章》之作成、性质与意义. 政治思想史, 2017（8）：92-109.

纳撒尼尔·哈里斯. 古希腊生活. 李广琴, 译. 太原：希望出版社, 2006.

彭聃龄. 普通心理学. 北京：北京师范大学出版社, 2012.

钱兆华. 科学、技术、经验——谈"李约瑟难题". 科学学研究, 1999, 17（3）：14-19.

沈磷. 管理：生产力要素的新视野. 武汉：华中师范大学硕士学位论文, 2012.

沈珠江. 论科学、技术与工程之间的关系. 科学技术哲学研究, 2006, 23（3）：21-25.

史蒂芬·霍金.时间简史.许明贤,吴忠超,译.长沙:湖南科学技术出版社,2002.

水利部发展研究中心.南水北调工程建设与管理体制研究简介.中国水利,2003(2):70-74.

宋正海.地理环境决定论的发生发展及其在近现代引起的误解.自然辩证法研究,1991(9):1-8.

宋正海.回归人类古老的生存信仰:地理环境决定论.山西大学师范学院学报,2002(2):6-12.

孙露.正五边形与黄金分割的关系.初中数学教与学,2008(9):41.

孙秀昌.所谓"艺术之死":从马塞尔·杜尚到安迪·沃霍尔.文化思考,2009(2):8-12.

田鹏颖.从社会技术到社会工程——关于构建"社会工程哲学"的初步设想.沈阳师范大学学报(社会科学版),2006(1):1-4.

汪洁.星空的琴弦:天文学史话.北京:北京时代华文书局,2015.

王斌.浅析奥斯丁对法的概念之构建——以《法理学的范围》为中心的考察.南方论刊,2007(12):37-38.

王茂庆.英国《大宪章》的法治精神及其生长.山东科技大学学报(社会科学版),2003,5(3):58-62.

王升.工程哲学与传统技术哲学之关系初探.大连:大连理工大学硕士学位论文,2007.

吴国盛.什么是科学.博览群书,2007(10):28-31.

肖斌.经济学与心理学的融合——行为经济学述评.当代经济研究,2006(7):23-26.

谢冬慧.罗马法的借鉴价值.现代法学,2005,27(1):181-188.

徐平.古希腊科学思想社会生成研究.哈尔滨:哈尔滨理工大学硕士学

位论文，2015.

燕国材.论孔子的心理学思想.南通师范学院学报（哲学社会科学版），2003，19（2）：117-123.

阳建国.人类自由的绪论：波普尔非决定论思想的道德之维.长沙：中南大学硕士学位论文，2003.

杨耕.历史决定论：历史的考察和现状的分析.求是学刊，2002，29，（6）：37-44.

杨玉辉.论宗教学是一门独立的社会科学.长安大学学报（社会科学版），2013，15（2）：67-70，85.

杨哲.论古希腊的理性主义思想.荆州：长江大学硕士学位论文，2012.

叶朗，费振刚，王天有.中国文化导读.上海：生活·读书·新知三联书店，2007.

喻中.法家第三期：全面推进依法治国的思想史解释.法学论坛，2015（1）：13-19.

张成岗，张尚弘.都江堰：水利工程史上的奇迹.工程研究——跨学科视野中的工程，2004（00）：171-177.

张成岗.从神本到人本："文艺复兴"时期人文精神解读.内蒙古社会科学（汉文版），2001（7）：36-39.

张屏.人文主义与文艺复兴.徐州师范大学学报，1998（12）：93-97.

张锐智.试论罗马法学家的法思想.法律文化研究，2007（00）：272-284.

张顺燕.数学的美与理.北京：北京大学出版社，2004.

张廷国.历史决定论讨论综述.社会科学战线，1994（4）：59-62.

张雄.黄金分割的美学意义及其应用.陕西学前师范学院学报，1999（11）：62-63.

张媛. 美妙的"黄金分割". 安徽电子信息职业技术学院学报, 2006 (4): 32-35.

赵永宏, 王冬放. 论《国富论》中的经济发展理论. 平顶山学院学报, 2014, 29 (2): 102-106.

Goldstein E Bruce. 认知心理学: 心智、研究与你的生活(第三版). 张明, 等, 译. 北京: 中国轻工业出版社, 2015.

POSTSCRIPT

后　　记

　　美国特朗普总统就任之后，经济表现异乎寻常地好。这一点和之前美国所谓主流经济学家的认知非常不同，甚至背道而驰。那些当年反对特朗普当选总统的经济学家甚至预测他上台之后经济将很快濒于崩溃。

　　正如歌德所说的，理论永远是灰色的。如果没有实践与之相互印证，那么理论就是可以被抛弃的。另外一种说法则是，如果我们已经拥有了数量可观的靠谱的实验结果，那么，一定会有多个理论来证实它的存在性。

　　最近有了一些特朗普经济奇迹的解释，说他上任后实施的政策其实只是当年亚当·斯密古典经济学的再现罢了。这就让我想到这样一个事情：那些经过了漫长历史的考验依然熠熠生辉的理论，学者是怎样从现实中获得重大启迪并将其本质在理论解释里展现得淋漓尽致的？

　　在亚当·斯密之后，经济学界已经拥有了越来越多的似乎更加响亮的名字，他们中的不少人也得到了被简称为"诺贝尔奖"的"纪念阿尔弗雷德·诺贝尔瑞典银行经济学奖"（The Bank of Sweden Prize in Economic Sciences in Memory of Alfred Nobel），每个人都怀揣着具有不同类型花样名称的学术贡献，无论是制度经济学、产业经济学、创新经济学、计量经济学，还是将这些再冠以"新"的进一步发展，如新制度经济学等，着实不少。

但是，人性最本质的那一面还是在经济现象中起着决定性和主导性的作用，个体的自利行为依然会纠合为集体理性，使得世界往更好处发展。那些迭出的花样并没有埋没当年经济学中最光辉灿烂的金子。

所以，即便从18世纪的斯密时代到现在已经过了200多年的岁月，我们还是要继续温习《国民财富的性质和原因的研究》（多译为《国富论》），国家的财富从哪里来？更大意义上还是来源于个体为了自身境况的改善而做的努力。个体行为聚合成的集体行为必然是循着大体优化的路径前行的。它甚至可以解释英国脱欧投票的结果，当然，更能够对特朗普简单粗暴的经济决策和行动给出直接的理论解释。

在这样的情况下，我们怎能不回首再看斯密的经济学？今天令人眼花缭乱的互联网经济、全球贸易，其内核难道不是依然可以从18世纪的著述中读到吗？

所以，在本书的第9章，我们重新从亚当·斯密开始，对经济学本身的发展，以及经济学与心理学之间的融合进行了简要评述。而今天的大学本科及以上学历的人，如果不了解一点经济学知识，如何理解和应对这个纷繁复杂的世界？

如此，经济学从来都是有一个核心的，管理亦是如此，从来经济学、管理学不分家，因其研究对象类似，过程和方法也有可以类比的地方，本书以人可以主观作为的管理机制设计为发端进行了一些介绍，如果大家需要进一步阅读，还可以看看我们之前出版的故事性更强的

《峪中对：管理机制对话录》，以及更为严肃的学术著作《管理机制设计理论及其应用》。

再说法学，这是一门主要以"证据"为核心的学问。正义是法律的追求目标，实现起来往往困难，所以，实质正义从来不是法律的本质。法律要从证据及质证过程中发现结果和动机之间的逻辑，并给出符合程序正义规则的判决。那些处心积虑犯罪的人，还是有可能逃脱法律制裁的，原因就在于证据总会缺失或被破坏。阿加莎·克里斯蒂著名的小说《无人生还》，让法官在一个荒岛上直接用犯罪的手法解决了那些无证据却又有实际犯罪行为的幸运逃脱者。同样，在金庸先生的《倚天屠龙记》里面，那句"倚天不出，谁与争锋"所暗示的依然是世俗世界无法解决的不公平现象，只能依靠侠客的"冲冠一怒"。作为法律更本质的"证据"，任何为保障程序正义而设置的流程都不应该缺少，以免结果会错失可能得到的实质公正。

不一定人人都会去打官司，但是，了解法律从而知道如何在社会中与不法行为保持距离或维护个人权利，是每个人应该学会的。

谈及文明冲突，亨廷顿专门有《文明的冲突》一书，对当前存在着的几种文明形式之间的碰撞而非融合刻画得比较清楚。

相比于那些冲突比较激烈的地区，日本强调单一民族（并非没有少数族裔），信仰也比较集中，所以，文明的冲突在这个国家并不显著，但即便如此，曾经造成1995年东京地铁沙林毒气事件的邪教组织头目和骨干分子也在2018年7月被执行了死刑，而其他的邪教组织依然在日本活动着。未来日本怎么办？比日本更为厉害的地区怎么办？

深度采访涉入其中林林总总各方人物的作家村上春树酝酿出了一部皇皇三卷本的巨著《1Q84》，其中的主体内容正是邪教在日本的形成、传播与发展，看后令人不寒而栗。全世界不管哪个国家，因为信仰的差异而带来的群体分裂已经是普遍现象，但是，何为宗教、何为邪教呢？区分起来并不容易，尤其是邪教多以已经被认可的宗教分支的形式出现，更是让政府投鼠忌器。人类社会将何去何从？个人自由与群体安全之间应该确立怎样的关联和界限？作为接受教育的人群，不得不接触这一难题。在本书的最后一章，我们对宗教、文明、文化的内容进行了简单说明，并期待着拥有全方位知识的人能够在这个世界找到发挥积极作用的位置，进而影响身边更多的人，即便遇到暂时的困难（谁又能在一生的全过程中永远顺利呢？），也会基于自身知识的积累，最终找到解决它的方法。

之前，我们很多人只是知道分子，对于这个世界"是什么"算是有比较清楚的认识，但是，对于这个世界诸多的"为什么"却知之甚少，灌输式的教育容易造就这样的结果。今天，我国的基础教育越来越与世界主流接近，我12岁女儿的人文素养在小学里已经培养得让我着实欣慰，总想着如果自己当年有这样的环境和机会，人生可能会走上完全不同的道路。而我国的高等教育却面临很多问题。学生一入学就直接被拉到专业课程的重重关隘上去，四年的学习通常是不断努力过关，造成了"文不懂理，理不懂工，工不懂管，管不懂艺"的局面，甚至同一学院的不同专业之间都无话可谈。我们耳熟能详的著名高校或科研机构不同学科之间都设计了用于放松的"咖啡时间"，但是即便真的建了咖啡厅，就可以达到真正的交流吗？

探寻了"是什么"和"为什么"之后，让自己能独立分析出为什么才是真正的挑战。但是，学科间的藩篱客观存在着，从此科到彼科往往横亘着难以跨越的鸿沟，即便内心真的想了解，但看看那么厚的入门书籍，也会望而却步，所以，最近这几年，《人类简史》《未来简史》《今日简史》《明朝那些事儿》《南北朝那些事儿》《半小时漫画中国史》

等相关主题读物纷纷出炉，意在用简洁的笔法和轻松的调子告知读者更多的知识。但是，好玩是好玩了，恐怕还是难以培养出一个人的分析能力，而更为"高大上"的独立思考和解决问题的能力也就格外难以从中获得了，而这正是本书希望能给大学及以上学历的读者提供的。

读完本书，不知道你对于数、理、化、天、地、生，文、史、哲、经、管、法，心理行为、宗教文化有没有更多的认知。如果没有，欢迎加入我们的社群，我们可以继续讨论下去，找到一个更好的方式；如果有，则期待着这些能辐射更多的人，让科学思维与人文素养四处开花。

陈 安

2018年8月于北京